U0160991

著者简介

森巧尚

软件工程师，科技作家，兼任日本关西学院讲师、关西学院高中科技教师、成安造形大学讲师、大阪艺术大学讲师。

著有《Python一级：从零开始学编程》《Python二级：桌面应用程序开发》《Python二级：数据抓取》《Python二级：数据分析》《Python三级：机器学习》《Python三级：深度学习》《Java一级》《动手学习！Vue.js开发入门》《在游戏开发中快乐学习Python》《算法与编程图鉴（第2版）》等。

Python 二级 数据抓取

〔日〕森巧尚 著

蒋萌 高凯 译

鲁尚文 审校

科学出版社

北京

图字：01-2023-5710号

内 容 简 介

机器学习和数据分析都离不开数据。互联网上有着海量的数据，利用Python能够高效地进行数据收集与分析——数据抓取。

本书面向数据抓取初学者，以山羊博士和双叶同学的教学漫画情境为引，以对话和图解为主要展现形式，在《Python一级：从零开始学编程》的基础上，从爬取公开数据开始，循序渐进地讲解HTML解析、表格数据读取、开放数据分析，以及如何利用Web API高效收集数据。

本书适合Python初学者自学，也可用作青少年编程、STEM教育、人工智能启蒙教材。

图书在版编目（CIP）数据

Python二级. 数据抓取 / (日) 森巧尚著 ; 蒋萌, 高凯译. -- 北京 : 科学出版社, 2024. 6. -- ISBN 978-7-03-078729-3

Ⅰ.TP311.561

中国国家版本馆CIP数据核字第2024KR9890号

责任编辑：喻永光　杨　凯 / 责任制作：周　密　魏　谨
责任印制：肖　兴 / 封面设计：张　凌

科 学 出 版 社 出版
北京东黄城根北街16号
邮政编码：100717
http：//www.sciencep.com

三河市春园印刷有限公司印刷

科学出版社发行　各地新华书店经销

*

2024年6月第　一　版　　开本：787 × 1092　1/16
2024年6月第一次印刷　　印张：11　1/2
字数：214 000

定价：68.00元

（如有印装质量问题，我社负责调换）

前　言

也许很多人有这样的想法：

“我是 Python 初学者，不知道下一步该做什么。”

“我掌握了 Python 基础知识，但是还想编写更实用的程序。”

对于这样的初学者，“啃”专业书籍不现实——术语晦涩，内容难懂。那么，有没有对初学者更友好的“下一步”呢。

本书旨在帮助 Python 初学者轻松迈出“下一步”。

Python 是一门擅长“Web 访问”和“数据处理”的语言，常用于“机器学习”和“大数据分析”。

实际上，你也可以围绕自己的兴趣用它做点小研究。例如，收集你关心的新闻、查询当地的商铺信息、查看明天的天气等。

如果能学以致用，尝试用 Python 编写一些实用程序也就顺理成章了。

继“Python 一级”之后，“Python 二级”依然由山羊博士、双叶同学带领我们探索 Python 世界。内容简单易懂，请读者放心。

希望读者能体会到 Python 的轻松和便捷，感受到 Python 编程的快乐。

森巧尚

关于本书

读者对象

本书是面向数据收集初学者和数据分析爱好者的入门书，以对话的形式讲解数据抓取的原理，力求让初学者也能轻松进入数据抓取的世界。

· 了解 Python 基础语法的读者（学完“Python 一级”的读者）

· 数据收集和数据分析初学者

本书特点

面向学完“Python 一级”的读者，“Python 二级”在一定程度上丰富了技术层面的内容。

为了让初学者也能轻松学习，本书内容遵循以下三个特点展开。

特点 1 以插图为核心概述知识点

每章开头以漫画或插图构建学习情境，之后在“引言”部分以插图的形式概述整章的知识点。

特点 2 以对话形式详解基础语法

精选基础语法，以对话的形式，力求通俗易懂地讲解，以免初学者陷入困境。

特点 3 样例适合初学者轻松模仿编程

为初学者精选编程语言（应用程序）样例代码，以便读者快速体验开发过程，轻松学习。

阅读方法

为了让初学者能够轻松进入数据抓取的世界，并保持学习热情，本书作了许多针对性设计。

以漫画的形式概述每章内容

借山羊博士和双叶同学之口引出每章的主要内容

每章具体要学习的内容一目了然

以插图的形式，通俗易懂地介绍每章主要知识点和学习流程

以对话的形式讲解概念

借助山羊博士和双叶同学的对话，风趣、简要地讲解概要和代码

附有图解说明

尽可能以图解的形式代替晦涩难懂的措辞

本书样例代码的测试环境

本书全部代码已在以下操作系统和 Python 环境下进行了验证：

· Windows 11 version 23H2

· macOS 13 Ventura / macOS 14 Sonata

· Python 3.12.1

使用 pip 命令安装的外部库：

· requests

· beautifulsoup4

· pandas

· matplotlib

· openpyxl

· xlrd

· xlwt

一般而言，用户使用 pip 命令安装以上外部库的最新版本即可运行本书的代码。

从开放数据平台或者 Web API 获取的数据可能会随时间变化。随书发布的代码包含了大部分数据，供用户使用和运行代码。我们鼓励用户自行调研开放数据平台发生的变化，对代码做出相应调整。

目 录

第 3 章 读写表格数据

第5章 通过 Web API 收集数据

用 Python 下载数据

博士！
好久不见！
双叶同学！
哎呀，你是不是
有什么变化？

嘿
嘿
是吗？
我去外地的
阿姨家玩了。

哦。你的阿姨是
做什么工作的？

她的工作是收集信息，
也称为“数据抓取”。

哦！挺有意思的。
你对数据抓取
感兴趣吗？
感兴趣！
请博士教教我！

那我们一起来学习
数据抓取吧！
来来来！

引 言

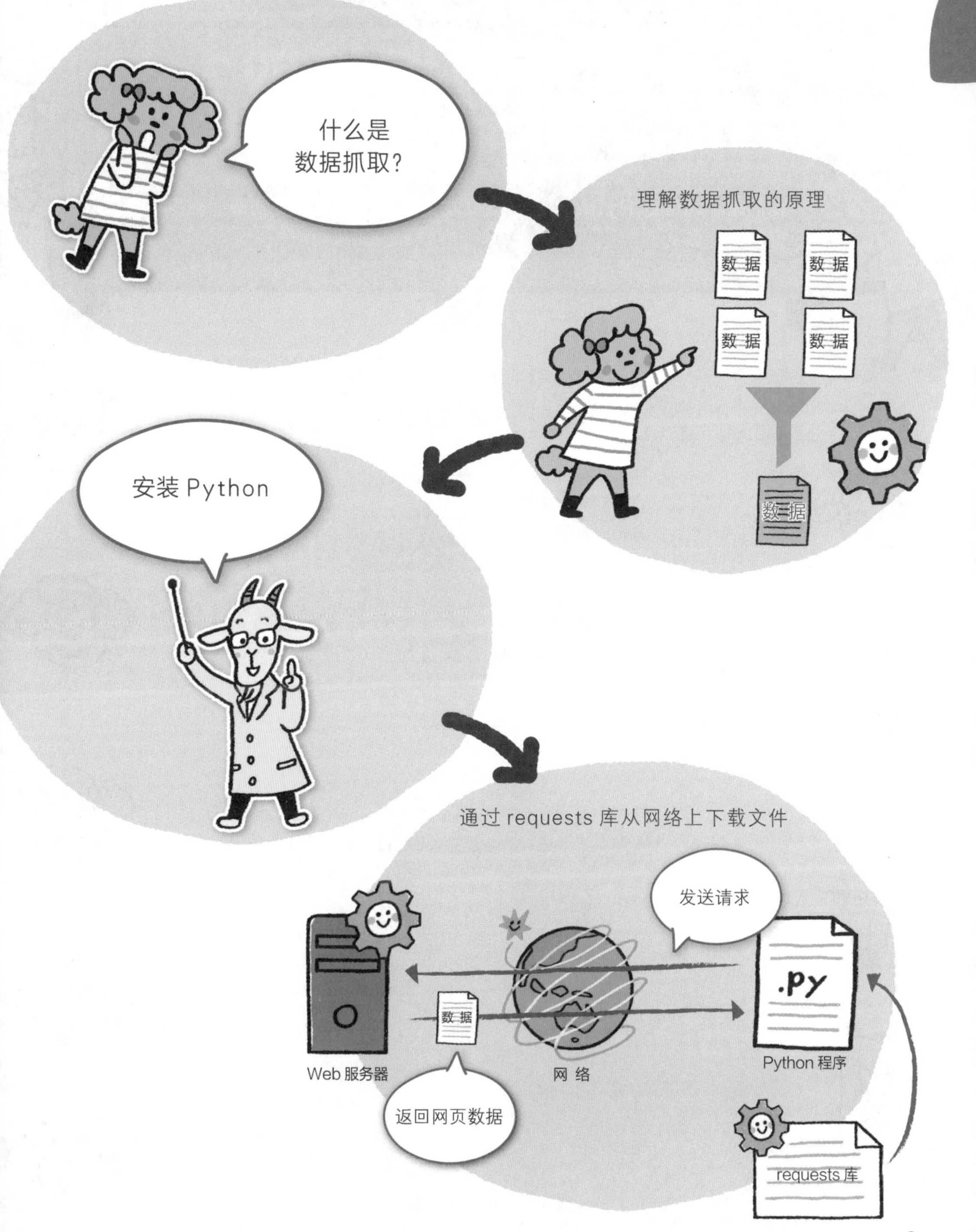
什么是
数据抓取？
理解数据抓取的原理
数据
数据
数据
数据
数据
安装 Python
通过 requests 库从网络上下载文件
发送请求
.py
数据
Web 服务器
网 络
Python 程序
返回网页数据
requests 库

第1课 什么是数据抓取？

我们来学习借助 Python 进行数据收集的方法。首先要知道“数据抓取”究竟是什么。

您好，博士！有没有什么方法能让我一边在家里优雅地喝奶茶，一边收集全世界的数据呢？

你好啊，双叶同学。怎么突然问这个？

谢谢博士在“Python 一级”中对我的指导！我已经初步学会了 Python 的用法，我想知道下一步该做什么。

这样啊。

既然要学，那我想学一些实用的知识，比如以收集数据为目的的“抓取”，但这时候问题就来了。

嗯嗯。

我不明白什么是“抓取”，也完全不知道该做什么。我该怎么办？

于是你就来找我了，对吧？

对！博士，教教我吧！

“爬取”和“抓取”

互联网上有数不尽的公开信息，可以利用程序进行自动收集。我们把“收集网络上公开的数据”的行为称为“爬取”。但是大多数情况下，收集到的数据无法直接使用，需要进行数据分析，从中提取我们需要的那部分信息。这种“收集数据并提取所需的信息”的行为称为“抓取”。

爬 取

收集网络公开数据

抓 取

收集数据并提取所需的信息

Python 包含丰富的用于访问网络的库，是一门方便开展“爬取”和“抓取”任务的编程语言。因此，Python 被频繁用于收集大量数据的数据分析任务和学习大量数据的人工智能开发任务。

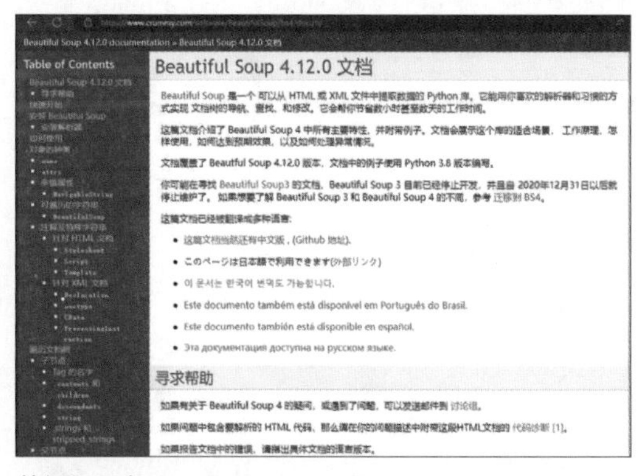

数据抓取库“Beautiful Soup4”

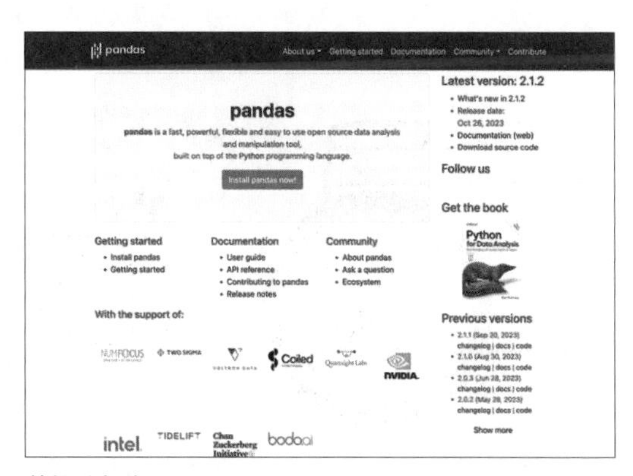

数据分析库“Pandas”

必须注意的事项

相比手动收集数据，使用 Python 程序能够高效地收集大量数据，十分方便。但也要注意避免对目标网站造成侵害，这是我们应当遵守的道德准则。

计算机不同于人类，它只会持续不断地收集数据，不知疲倦，也体会不到人类的情绪。但我们访问的网站是由人创建的，其背后还有运营团队和市场主体。为此，我们要尽可能避免对目标网站造成侵害。这主要涉及以下几方面。

第一，尊重版权。

未经许可，请勿复制或二次使用他人原创的具有版权的作品，特别标明可以任意使用的除外。通常情况下，公共机构开放的信息和公司以公开为目的发布的信息可以放心使用。

第二，不要过度访问网站，以免干扰正常业务。

对网站的频繁访问会给对方的服务器造成负担。为此，有必要在程序中设定避免干扰正常业务的机制，比如“每次访问后等待 1 秒”。

第三，不要爬取“禁止爬取”的网站。

如果某个网站不希望被爬取，一般会在 robots.txt 文件或者 HTML 文件中名为 robots 的 meta 标签中声明。

1. 尊重版权
2. 不要过度访问网站，以免干扰正常业务
3. 不要爬取“禁止爬取”的网站

什么是 robots.txt？

robots.txt 是一个独立的文件，通常位于网站的根目录下。爬取网站时，应当检查 robots.txt 的内容，它表明了网站中不希望被爬取的部分。如果某个网站的 robots.txt 文件内容如下，则表明整个网站都不允许被爬取。

robots.txt

```
User-agent: *
Disallow: /
```

另外，如果网站的 HTML 文件中包含如下的 robots meta 标签，则表明“本页链接禁止爬取”，我们也不能爬取。

```
<meta name="robots" content="nofollow">
```

在不妨碍目标网站的前提下，爬取和抓取是 Python 程序实现的非常实用的功能。它们能够实现人力所不能及的数据收集和数据分析。接下来的章节将会带大家体验这些功能。

话说回来，从全世界收集数据真是一件不可思议的事情呢。

双叶同学，其实这是我们每天都在做的事情哦。

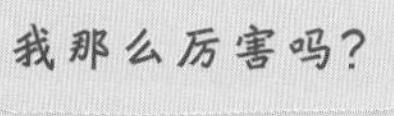

我那么厉害吗？

我们经常上网看新闻，搜索陌生词汇，对吧？

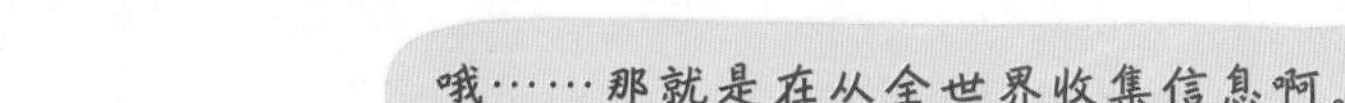

哦……那就是在从全世界收集信息啊。

我们是在手动操作。如果改用程序自动收集，就叫“爬取”了。

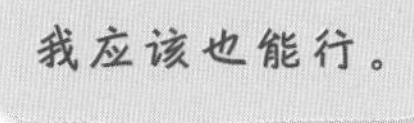

我应该也能行。

第2课

安装 Python

如果你的电脑中还没有Python，那就从安装开始吧。下面分Windows和macOS两个操作系统的版本介绍安装方法。

我刚买了电脑！要在新电脑里安装Python啊。

你的电脑操作系统是Windows还是macOS？ macOS自带Python 2版本，但新版的Python 3更好用。

那还是新的好！

是的。我们来安装Python 3吧。

Windows 系统中的安装方法

我们在Windows系统中安装最新版本的Python 3。以Windows自带浏览器Microsoft Edge为例，通过浏览器访问Python网站。

Python 官方网站上的下载地址：

https://www.python.org/downloads

①下载安装程序

从 Python 官方网站下载安装程序。

在 Windows 系统访问下载页面，会自动显示 Windows 版本的安装程序。❶点击下载按钮“Download Python 3.*.*”，开始下载。❷一般会弹出一个对话框，提示你选择保存安装程序或进行其他操作，此时点击“另存为”。

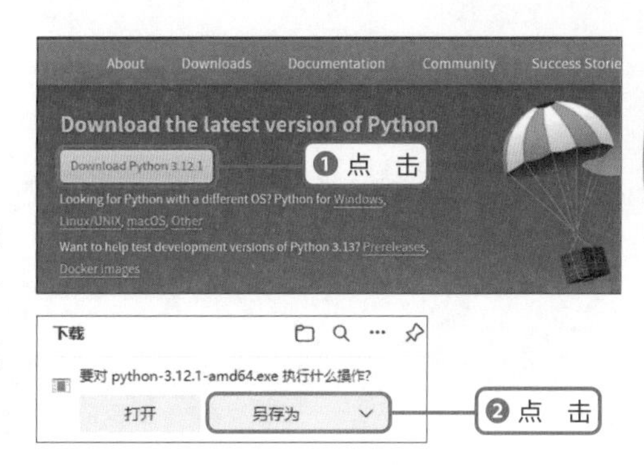

②运行安装程序

下载完成后，❶点击 Edge 浏览器菜单栏中表示下载的“↓”按钮，或点击右上角的“…”按钮打开菜单。❷在下载列表中点击“打开文件”运行安装程序。

③勾选安装程序中的选项

运行安装程序后，❶在弹出的起始界面上勾选“Add python.exe to PATH”复选框。

❷点击“Install Now”按钮。

④ 完成安装程序

安装完成以后可以看到“Setup was successful”页面，表示Python的安装过程已经全部完成。❶ 点击“Close”按钮，关闭安装程序。

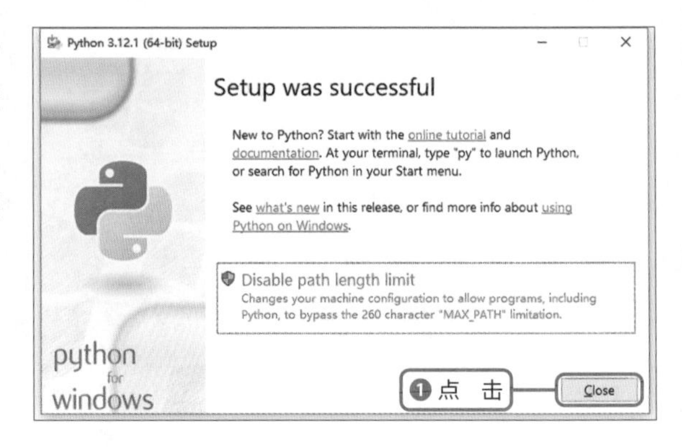

macOS系统中的安装方法

在macOS系统中安装最新版本的Python。以macOS的默认浏览器Safari为例，访问Python官方网站。

Python官方网站上的下载地址：

https://www.python.org/downloads

① 下载安装程序

从官方网站下载Python的安装程序。在macOS系统中，打开下载页面即自动显示macOS版本的安装程序。❶ 点击下载按钮“Download Python 3.*.*”。

② 运行安装程序

下载完成后运行安装程序。以 Safari 浏览器为例，❶ 点击“⊕”按钮，显示最近从浏览器下载的文件。❷ 找到名为“python-3.*.*-macos**.pkg”的安装程序。双击运行安装程序。

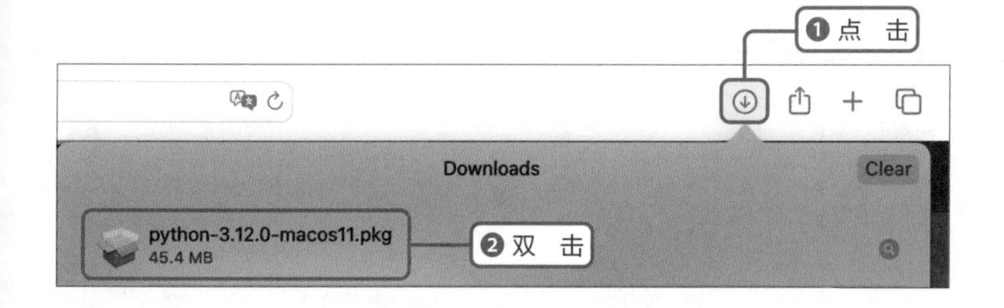

③ 安装过程

❶ 在“Introduction”页面上点击“Continue”按钮。
❷ 在“Read More”页面上点击“Continue”按钮。
❸ 在“License”页面上点击“Continue”按钮。
❹ 在弹出的对话框中，点击“Agree”按钮。

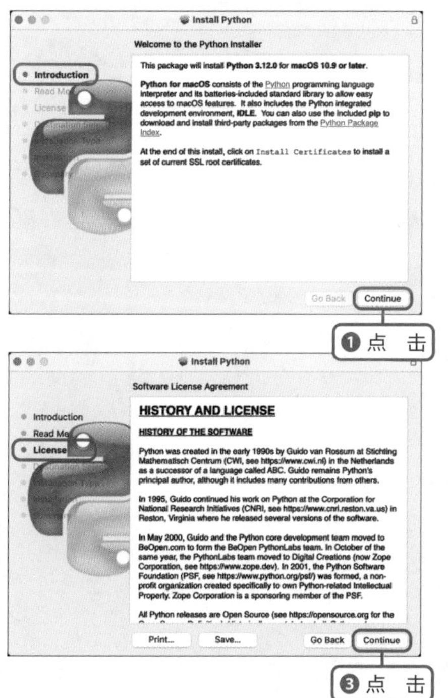

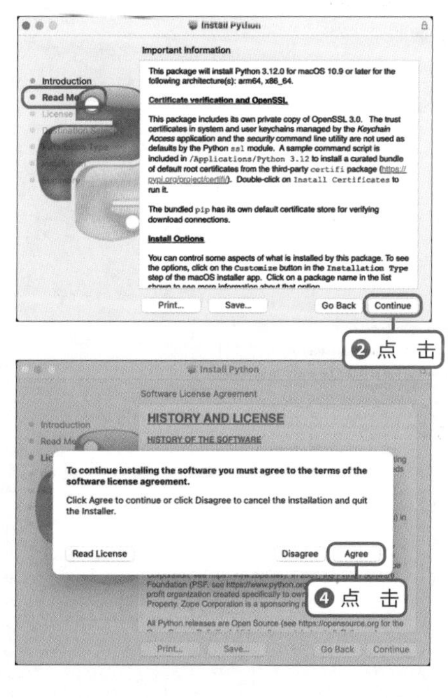

④ macOS 中的关键安装步骤

完成以上步骤后，❶ 在“Install Python”对话框中点击“Install”按钮。

此时，系统弹出“Installer is trying to install new software”对话框。❷ 在对话框中输入登录 macOS 的用户名和密码。❸ 点击“Install Software”按钮。

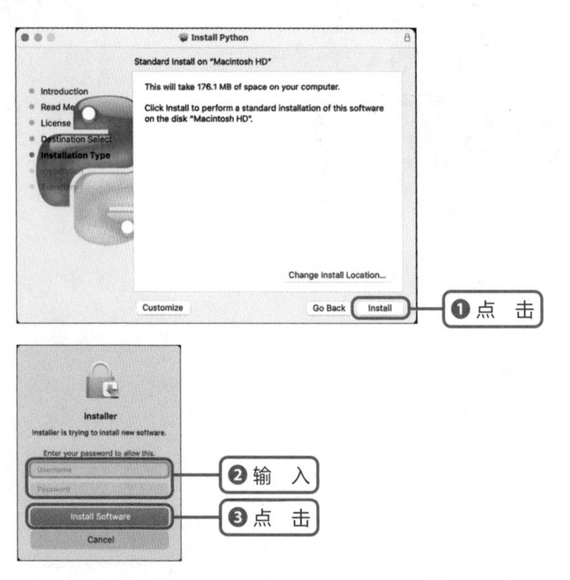

⑤ 完成安装

稍等片刻，显示“The installation was completed successfully”，表示在 macOS 上安装 Python 的步骤已全部完成。❶ 点击“close”按钮结束安装程序。

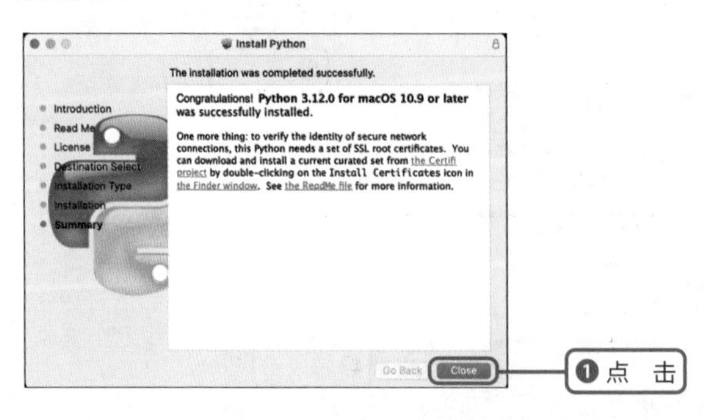

用 requests 访问网站

requests 是一个可以让我们轻松访问网络的库。我们尝试编写一个使用 requests 的程序。

博士，互联网上的这些数据一开始都在哪里呢？

我们在浏览器中输入网址（URL）或者搜索关键词，按下回车后就会显示网站或搜索结果。你觉得这是什么机制呢？

因为我的电脑联网了，所以就显示出来了？

其实是不同工具各司其职的结果。连接互联网的服务器只负责发送“显示网页所需的数据”，而接收信息的浏览器负责“将数据展示为网页”。

哦。我以为浏览器只是一个显示框，原来显示是它的核心工作。

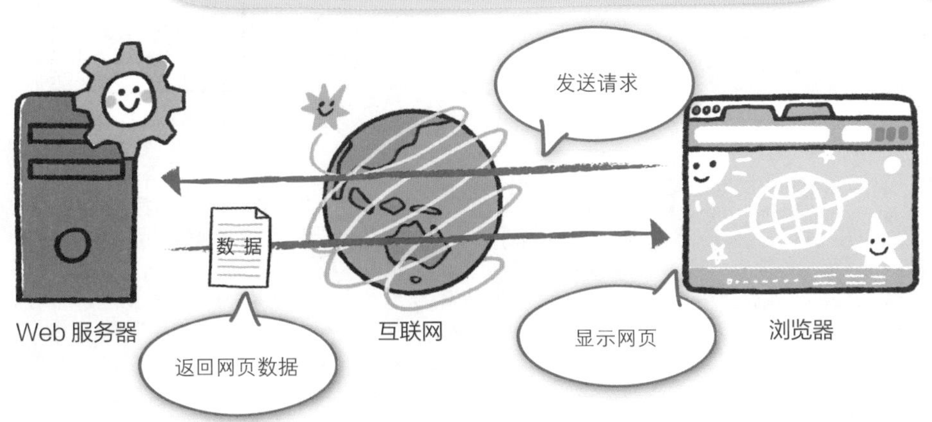

“显示网页所需的数据”就是HTML文件，它由文本数据组成。

嗯嗯。

也就是说，只要能够通信，即使没有浏览器，也能用Python读取并查看内容。这部分信息被浏览器解释为“显示网页所需的数据”，但也能被解释为“包含各种信息的文本数据”。

原来是这样！也就是说，网页也可以作为数据使用。

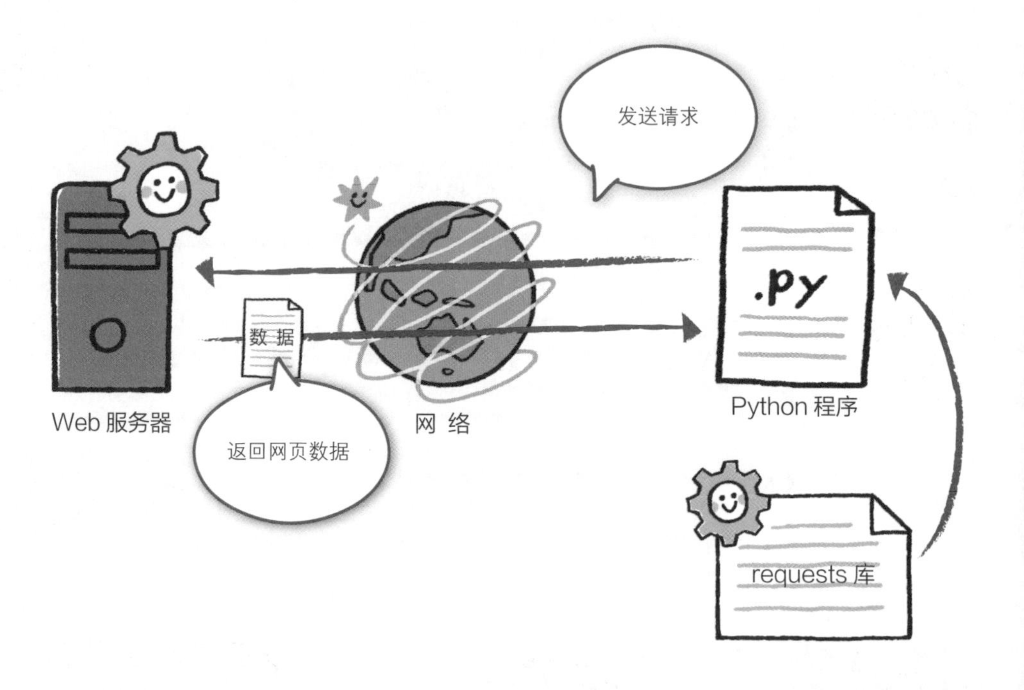

Python的标准库中有一个“urllib.request”模块能用于访问网络，不过外部库“requests”更加方便好用。我们接下来尝试使用requests库。

外部库的安装方法

在 Windows 中为 Python 安装外部库，需要使用命令提示符；在 macOS 中则需要使用“终端”应用程序。

在 Windows 中启动命令提示符

打开开始菜单，❶ 选择“Windows 系统工具”子菜单下的“命令提示符”菜单项，启动命令提示符。❷ 输入以下命令进行安装。安装过程需要等待一段时间。

```
pip install requests
```

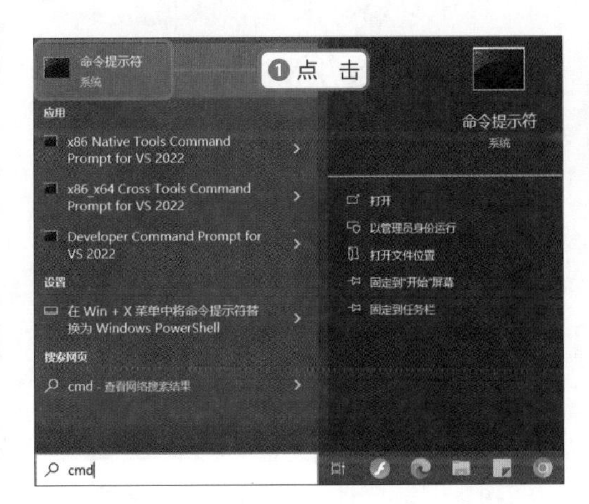

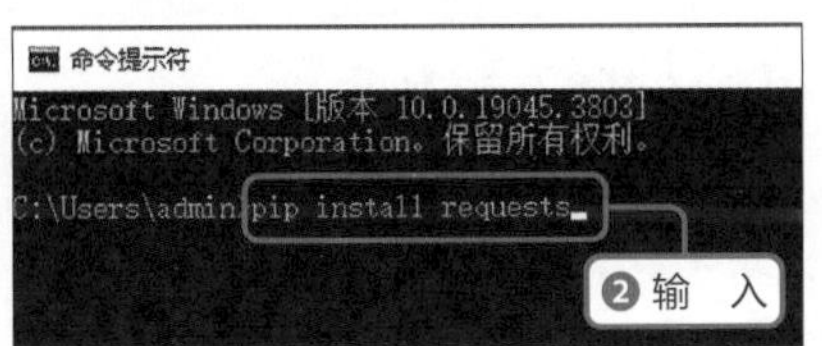

在 macOS 中启动终端

打开“Finder”（访达）。❶ 双击“Applications”文件夹下“Utilities”子文件夹中的“Terminal.app”，启动终端。❷ 输入以下命令进行安装。安装过程需要等待一段时间。

```
pip3 install requests
```

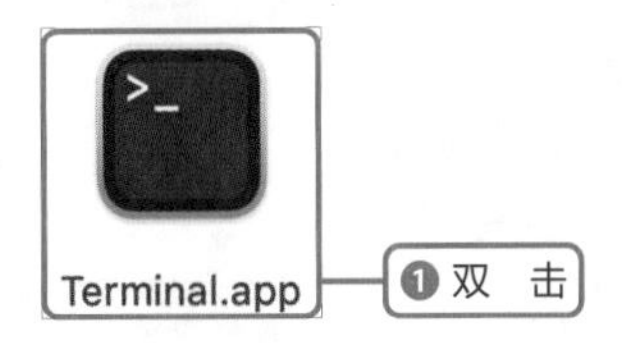

读取 HTML 文件的程序

现在，让我们用刚刚安装的“requests”库读取并显示网上的 HTML 文件。我们准备了一个简单的测试页，接下来编写读取该 HTML 文件的程序。

为本书准备的测试页：

https://okbook.demosharer.com/books/python2nen/test1.html

互联网上的网页数据可以通过 `requests.get(<URL>)` 函数获取。函数返回的变量一般命名为 **response** 变量。它包含许多信息，其中字符串数据用 **response.text** 提取。另外，需要指定 **response.encoding = response.apparent_encoding**，防止文字出现乱码。

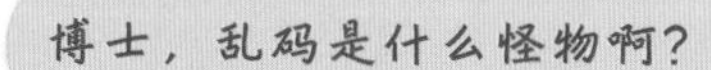

乱码不是怪物，而是指“文字显示为奇怪字符”的现象。早些年的计算机采用 ASCII 编码，能够包含英文字母、数字等不超过 128 个字符。

那中文呢？

中文里的汉字有成千上万个，128 个字符当然不够用，于是就发展出了其他的文字编码，比如中文常用的 GB2312/GBK 等编码。其他国家和地区也发展了它们的文字编码，如日文的 Shift-JIS 等编码。现如今又有了 UTF-8 等编码，能够覆盖全世界的语言文字，在互联网上广泛使用。

嗯。

不同编码如果不匹配使用，就会造成乱码。但是，借助 requests 库，我们只需要指定 response.encoding = response.apparent_encoding，就可以自动选择能够正确显示文字的编码。

chap1/chap1-1.py

```
import requests

url = "https://okbook.demosharer.com/books/python2nen/test1.html"
response = requests.get(url)  ……获取网页数据

response.encoding = response.apparent_encoding  ……防止出现乱码

print(response.text)  ……显示获取的字符串数据
```

用 requests.get 可以获取的各种信息

.text	字符串数据
.content	二进制数据
.url	访问的网址
.apparent_encoding	推测的文字编码
.status_code	HTTP 状态码（200 表示正常，404 表示未找到，等等）
.headers	响应头

运行 Python 程序需要使用特定的应用程序。我们在本书中使用随 Python 一同安装的 IDLE 程序。下面介绍它的使用方法。

启动 IDLE

IDLE 是一款可以让用户轻松运行 Python 的应用程序，启动后即可使用，适用于确认 Python 代码的运行状态，方便初学者学习。在 Windows 和 macOS 中，IDLE 的启动方法略有不同，但启动后的用法是一样的。

①启动方法

Windows：在开始菜单中，❶ 选择“Python 3.x”子菜单下的“IDLE (Python 3.x 64-bit)”。

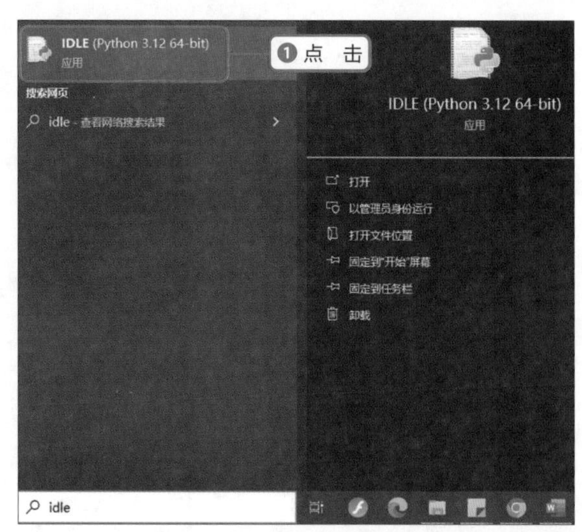

macOS：打开“Finder”，❶ 双击“Applications”文件夹下“Python 3.x”子文件夹中的 IDLE.app。

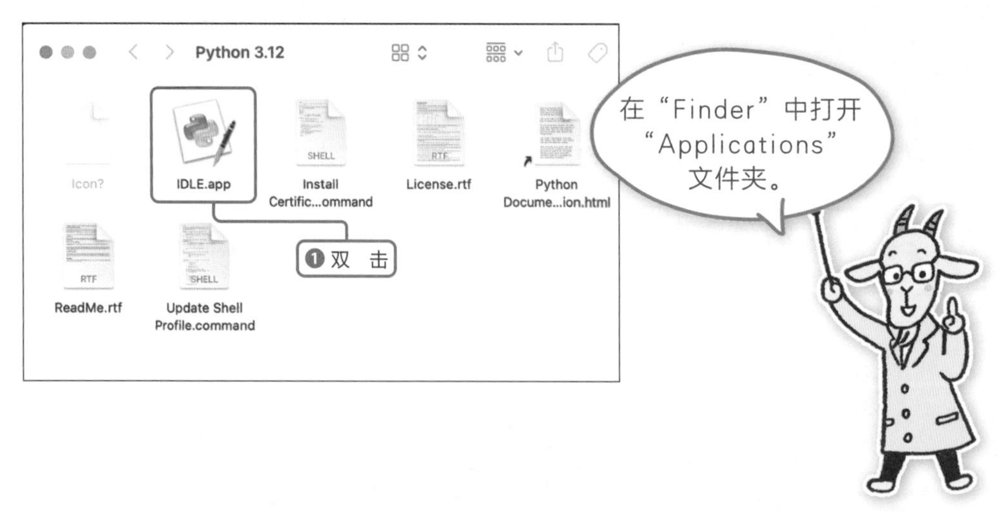

② 显示 Shell 窗口

IDLE 启动后，首先显示的是 Shell 窗口。

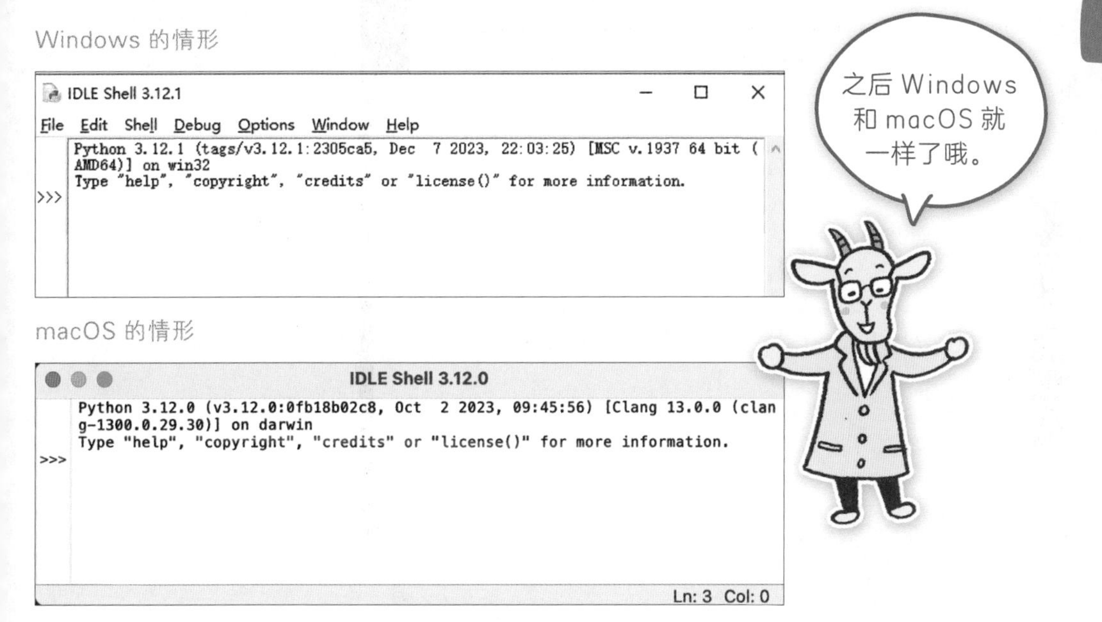

开始编写程序

启动 IDLE 后，将程序代码写入文件并运行。

① 新建文件

在“File”菜单中，❶ 选择“New File”菜单项。

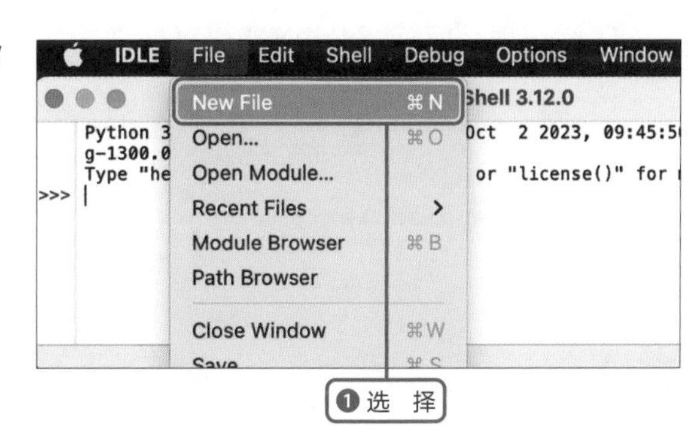

②显示输入程序的窗口

此时会弹出一个空白窗口，请在这里输入程序代码。

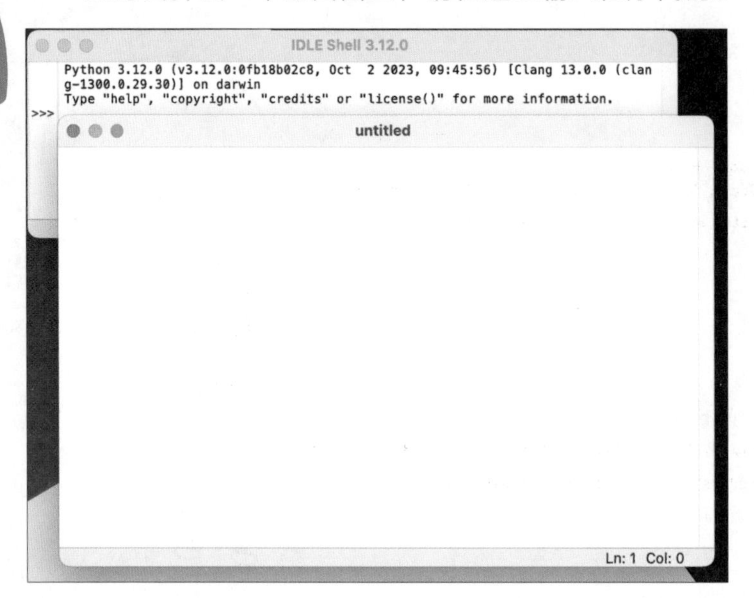

③输入程序代码

请输入以下程序代码。

chap1/chap1-1.py

```
import requests

url = "https://okbook.demosharer.com/books/python2nen/test1.html"
response = requests.get(url) ······ 获取网页数据

response.encoding = response.apparent_encoding ······ 防止出现乱码

print(response.text) ······ 显示获取的字符串数据
```

④保存文件

从“File”菜单中❶选择“Save”菜单项。

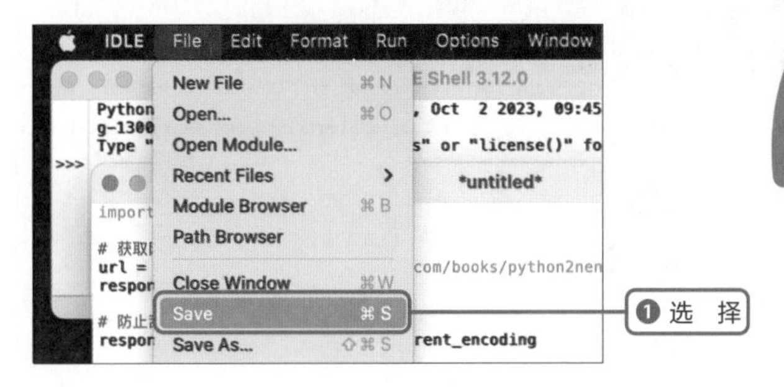

⑤为文件添加扩展名

❶在“Save As”一栏中填入文件名。❷点击“Save”按钮。

注意：Python 文件的扩展名是“.py”，保存时需要在文件末尾添加“.py”，如“chap1-1.py”。

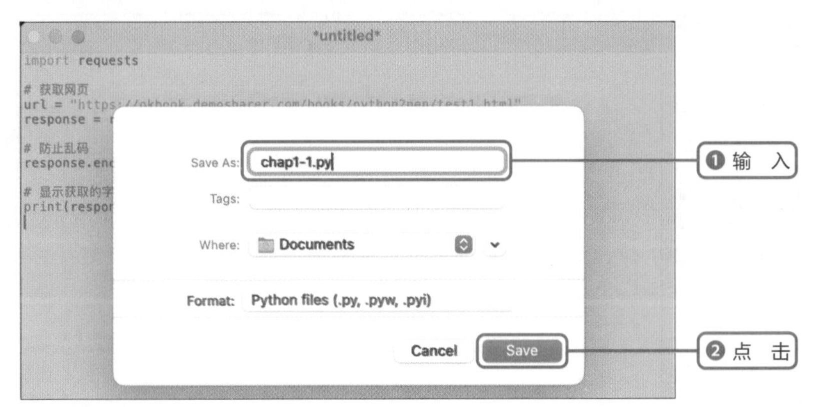

⑥运行程序

从“Run”菜单中❶选择“Run Module”，显示从 Web 服务器获取的 HTML 文件内容。

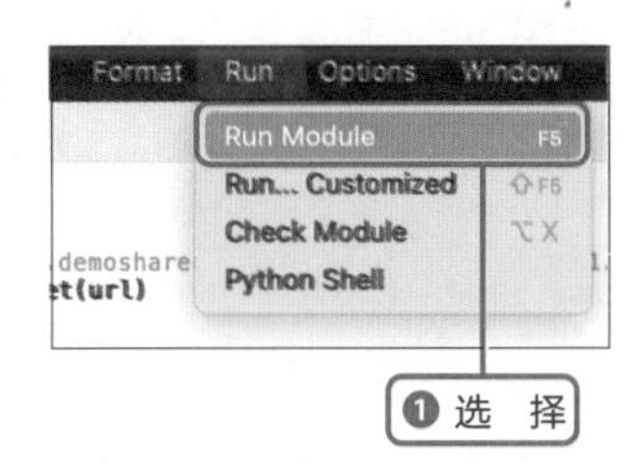

```
IDLE Shell 3.12.0
Python 3.12.0 (v3.12.0:0fb18b02c8, Oct  2 2023, 09:45:56) [Clang 13.0.0 (clang-1
300.0.29.30)] on darwin
Type "help", "copyright", "credits" or "license()" for more information.
>>>
================ RESTART: /Users/bingtsingw/Documents/chap1-1.py ===============
<!DOCTYPE html>
<html>
  <head>
    <meta charset="UTF-8" />
    <title>Python二级</title>
  </head>
  <body>
    <h2>第1章 用Python下载数据</h2>
    <ol>
      <li>什么是数据抓取? </li>
      <li>安装Python</li>
      <li>用requests访问网站</li>
    </ol>
  </body>
</html>

>>> |
```


输出结果

```
<!DOCTYPE html>
<html>
    <head>
        <meta charset="UTF-8">
        <title>Python 二级 </title>
    </head>
    <body>
        <h2> 第 1 章  用 Python 下载数据 </h2>
        <ol>
            <li> 什么是数据抓取？ </li>
            <li> 安装 Python</li>
            <li> 用 requests 访问网站 </li>
        </ol>
    </body>
</html>
```

浏览器就是用这些数据进行显示的。

感觉有点接近互联网的幕后工作了。

写入文本文件——使用 open 和 close 函数

我们已经读取了网络上的 HTML 文件，现在让我们使用写入文件的函数，将文件保存到电脑里吧。

格式：打开、写入和关闭文件

```
f = open(<文件名>, mode="w", encoding="utf-8")  …… 用写入模式打开文件
f.write(<写入值>)  …… 写入数据
f.close()  …… 关闭文件
```

用“**open(<文件名>, mode="w")**”以写入模式打开文件，同时用 **encoding="utf-8"** 指定文件的编码方式为 UTF-8。用“**write(<写入值>)**”写入数据，处理完成后用 **close()** 关闭文件。

下面，我们尝试将从网络上获取的数据写入文件。

chap1/chap1-2.py

```
import requests

url = "https://okbook.demosharer.com/books/python2nen/test1.html"
response = requests.get(url)  …… 获取网页

response.encoding = response.apparent_encoding  …… 防止出现乱码

filename = "download.txt"
f = open(filename, mode="w", encoding="utf-8")  …… 用写入模式打开文件，编码为 UTF-8
```

```
    f.write(response.text)  ………… 写入从网络上获取的数据
    f.close()  ………… 最后关闭文件
```

运行程序后，会生成名为“download.txt”的文本文件，里面存储了我们刚才看到的网页数据。

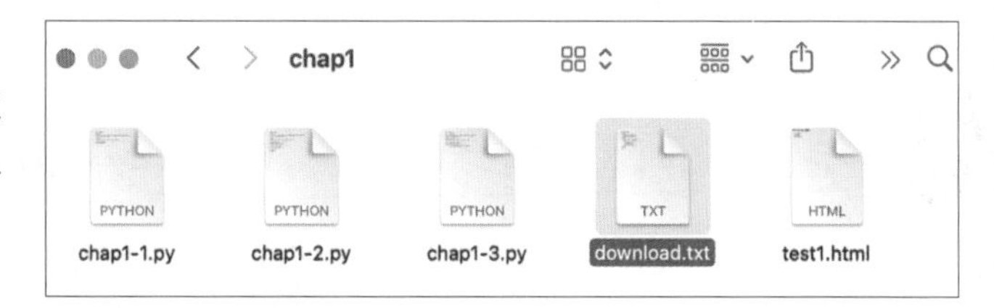

用 **open** 打开文件时，除了写入模式，还可以指定其他各种模式。模式之间可以适当组合，比如 **"wb"** 表示二进制写入模式。

open 的各种模式

"r"	读取（默认）
"w"	写　入
"a"	追加写入
"t"	文本模式（默认）
"b"	二进制模式

写入文本文件——使用 with 语句

打开和关闭文件的操作必然是成对出现的，于是 Python 提供了 **with** 语句来简化这类操作。

格式：写入文件（with 语句）

```
with open(<文件名>, mode="w", encoding="utf-8") as f:  …… 用写入模式打开文件
    f.write(<写入值>)  ………… 写入数据
```

用 **with** 语句打开文件，并缩进编写“打开后做什么”。这样在 **with** 语句结束后文件就自动关闭了，不需要写 **close()**，也避免了忘记关闭文件的错误。同时，仅看缩进部分就知道正在进行什么处理，一目了然。

现在，我们尝试改用 **with** 语句将从网上读取的数据写入文件。

chap1/chap1-3.py

```
import requests

url = "https://okbook.demosharer.com/books/python2nen/test1.html"
response = requests.get(url) ······················ 获取网页

response.encoding = response.apparent_encoding ·············· 防止出现乱码

filename = "download.txt"
with f = open(filename, mode="w",
              encoding="utf-8") as f: ········ 用写入模式打开文件，编码为 UTF-8
    f.write(response.text) ······················ 写入从网络上获取的数据
```

与 chap1-2.py 相同，运行后生成文本文件“download.txt”。

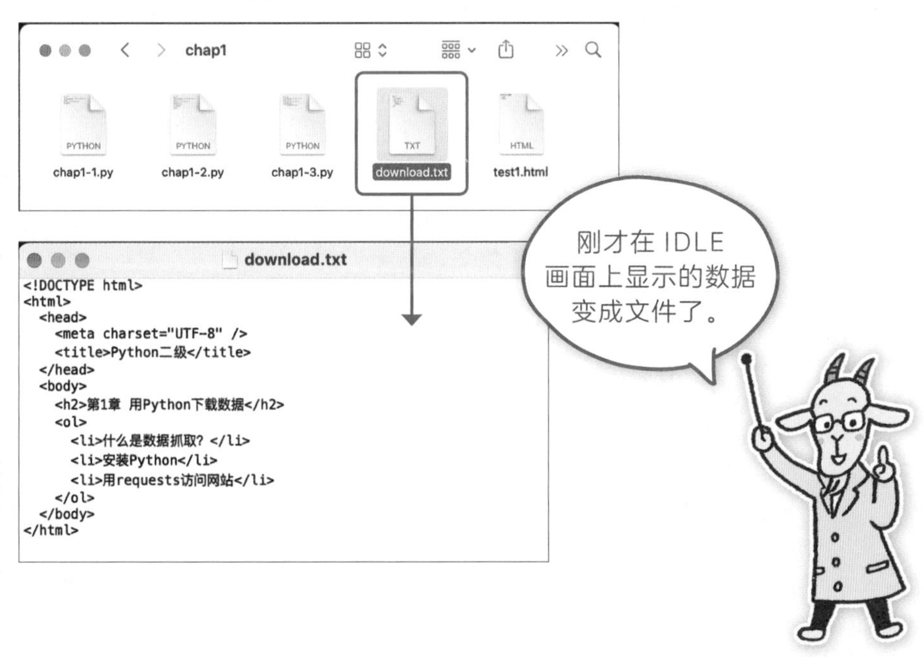
chap1
PYTHON
chap1-1.py
PYTHON
chap1-2.py
PYTHON
chap1-3.py
TXT
download.txt
HTML
test1.html
download.txt
<!DOCTYPE html>
<html>
<head>
<meta charset="UTF-8" />
<title>Python二级</title>
</head>
<body>
<h2>第1章 用Python下载数据</h2>
<ol>
<li>什么是数据抓取？</li>
<li>安装Python</li>
<li>用requests访问网站</li>
</ol>
</body>
</html>
刚才在 IDLE
画面上显示的数据
变成文件了。

太好啦！生成文件了。打开后可以看到，里面都是字符！

我们从网络上读取数据并写入了文件。也就是说，我们用Python下载了网上的数据。

更改程序中的网址，也能下载已知网页上的数据吗？

当然可以。去查看各种网页吧。但是要注意，一般的网页由更复杂的数据组成，文件会很大。

HTML 解析

双叶同学，
怎么了？
嗯……

这个是
什么意思呀？

我看看……
这是……

我正在尝试抓取
朋友网站上的信息
（得到她允许了）……
全是猫啊。

针对这种情况，
有一种非常好用的库！
一起看看吧！
真的吗？！

是的，她特别喜欢猫，
有好多猫的照片。
可我只想收集
日记类信息……
哎

引言

尝试解析 HTML，
获取最新的新闻列表

将链接列表写到文件中

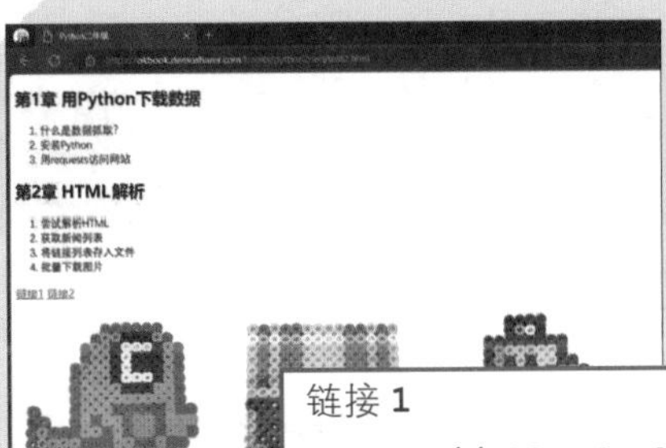

链接 1
https://okbook.demosharer.com/books/python2nen/test1.html
链接 2
https://okbook.demosharer.com/books/python2nen/test3.html

批量下载链接

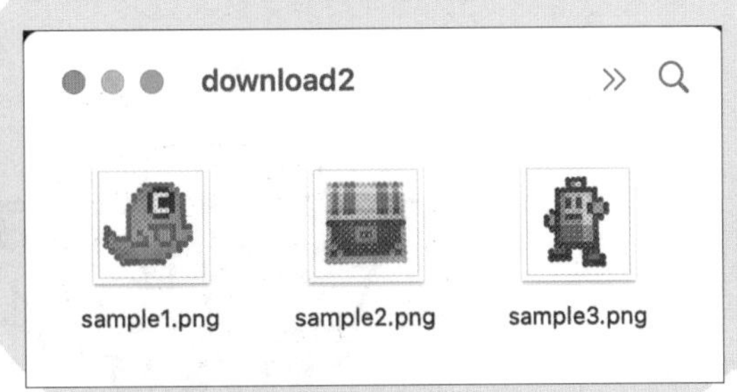

第4课

尝试解析 HTML

我们来学习 HTML 的解析。先看看解析具体是做什么。

我会从网上下载数据了，可是数据杂乱无章，摸不着头脑啊。

因为这是 HTML 格式的数据。网页由“题目”（title）、“标题”（header）和“图片”（image）等各种元素组成。

就是由不同的部分组成的啊。

每个元素都是用标签符号（形如“<标签名>”）括起来的。就是这些标签符号让数据显得凌乱。但另一方面，这些标签符号也能用来轻松提取元素的内容。

说起来容易，找起来可就难了。

这时就轮到 Beautiful Soup 库登场了。将 HTML 传递给它，就可以轻松提取所需的元素数据。

据说这个名字出自《爱丽丝梦游仙境》中的一首诗，大意是“在含有各种元素的 HTML 汤中找到美味的元素”。

我喜欢美味的汤！尤其是栗子南瓜浓汤。

安装 Beautiful Soup

用 Beautiful Soup 能够轻松解析 HTML。它是外部库，可以按照以下步骤安装。具体参考第 3 课中的“外部库的安装方法”。

在 Windows 中用命令提示符安装

```
pip install beautifulsoup4
```

在 macOS 中用终端安装

```
pip3 install beautifulsoup4
```

用 Beautiful Soup 解析

使用 Beautiful Soup 时，要先导入这个库。包含 Beautiful Soup 的 Python 包名为 bs4，所以用 **from bs4 import BeautifulSoup** 指定。

解析时，先像第 1 章那样用 requests 从网络上获取网页，然后将 HTML 数据（**.content**）传递给 Beautiful Soup，写作“**BeautifulSoup(<HTML 数据>, "html.parser")**”。这样就完成了解析。

解析 HTML

```
from bs4 import BeautifulSoup ······························ 导入
soup = BeautifulSoup(html.content, "html.parser") ······ 解析 HTML
```

我们尝试读取并解析第 1 章的 test1.html。为了确认是否正确读取，我们将返回值显示出来。

chap2/chap2-1.py

```
import requests
from bs4 import BeautifulSoup

# 获取并解析网页
load_url = "https://okbook.demosharer.com/books/python2nen/test1.html"
html = requests.get(load_url)
soup = BeautifulSoup(html.content, "html.parser")

# 显示整个 HTML
print(soup)
```

输出结果

```
<!DOCTYPE html>


<html>
<head>
<meta charset="utf-8"/>
<title>Python 二级 </title>
</head>
<body>
<h2>第 1 章  用 Python 下载数据 </h2>
<ol>
<li>什么是数据抓取？ </li>
<li>安装 Python</li>
<li>用 requests 访问网站 </li>
</ol>
```

```
</body>
</html>
```

输出结果看上去似乎和读取的 HTML 没有区别，但这就是解析后的状态。我们要从中提取各种元素。

查找并显示标签

我们接下来尝试查找和提取元素。查找很简单，指定标签名即可。输入“**soup.find("<标签名>")**”函数，查找并提取指定标签的一个元素。

格式：查找标签，提取元素

```
<元素> = soup.find("<标签名>")
```

```
<!DOCTYPE html>
<html>
    <head>
        <meta charset="utf-8"/>
        <title>Python 二级 </title>          → soup.find("title")
    </head>
    <body>
        <h2> 第 1 章  用 Python 下载数据 </h2>   → soup.find("h2")
        <ol>
            <li> 什么是数据抓取？ </li>        → soup.find("li")
            <li> 安装 Python</li>
            <li> 用 requests 访问网站 </li>
        </ol>
    </body>
</html>
```

chap2/chap2-2.py

```
import requests
from bs4 import BeautifulSoup

# 获取并解析网页
load_url = "https://okbook.demosharer.com/books/python2nen/test1.html"
html = requests.get(load_url)
soup = BeautifulSoup(html.content, "html.parser")
```

```
# 查找并显示 title 标签、h2 标签和 li 标签
print(soup.find("title"))
print(soup.find("h2"))        ………… 查找并显示标签
print(soup.find("li"))
```

输出结果

```
<title>Python 二级 </title>
<h2> 第 1 章  用 Python 下载数据 </h2>
<li> 什么是数据抓取? </li>
```

只有指定标签的元素被提取出来了!

显示了 3 个元素，但是仍然带着标签。我们试着只提取字符串吧。如果想提取字符串，要在元素的末尾添加 **.text**。

chap2/chap2-3.py

```
import requests
from bs4 import BeautifulSoup

# 获取并解析网页
load_url = "https://okbook.demosharer.com/books/python2nen/test1.html"
html = requests.get(load_url)
soup = BeautifulSoup(html.content, "html.parser")

# 查找并显示 title 标签、h2 标签和 li 标签，显示标签内的字符串
print(soup.find("title").text)
print(soup.find("h2").text)        ………… 添加 .text
print(soup.find("li").text)
```

输出结果

```
Python 二级
第 1 章  用 Python 下载数据
什么是数据抓取?
```

哇！只剩字符串了！

这样就成功地从网页上提取了指定标签的字符串。

查找并显示所有标签

使用“**.find(<** 标签名 **>)**”查找元素时，标签相同的元素只能查找到第一个。在正常网页中，标签相同的元素往往有许多个。我们接下来尝试查找所有元素。

为了测试，我们准备了另一个元素稍多一些的 test2.html。

test2.html

```
<!DOCTYPE html>
<html>
    <head>
        <meta charset="UTF-8">
        <title>Python 二级 </title>
    </head>
    <body>
        <div id="chap1">
            <h2> 第 1 章  用 Python 下载数据 </h2>
            <ol>
                <li> 什么是数据抓取？ </li>
                <li> 安装 Python</li>
                <li> 用 requests 访问 </li>
            </ol>
        </div>
        <div id="chap2">
            <h2> 第 2 章  HTML 解析 </h2>
            <ol>
                <li> 尝试解析 HTML</li>
                <li> 获取新闻列表 </li>
                <li> 将链接列表存入文件 </li>
                <li> 批量下载图片 </li>
            </ol>
        </div>
```

```
        <a href="https://okbook.demosharer.com/books/python2nen/
                 test1.html">链接1</a>
        <a href="./test3.html">链接2</a><br/>
        <img src="https://okbook.demosharer.com/books/python2nen/
                  sample1.png">
        <img src="./sample2.png">
        <img src="./sample3.png">
    </body>
</html>
```

test2.html 的地址如下，请尝试抓取该 HTML。

为本书准备的测试页：

https://okbook.demosharer.com/books/python2nen/test2.html

要查找所有元素，需要使用“**soup.find_all("<标签名>")**”查找所有标签，以列表形式返回找到的元素。使用 **for** 语句可以逐个提取列表中的内容。

格式：查找所有标签并提取元素

```
<元素列表> = soup.find_all("<标签名>")
```

```
<!DOCTYPE html>
<html>
    <head>
        <meta charset="UTF-8">
        <title>Python 二级 </title>
    </head>
    <body>
        <div id="chap1">
            <h2> 第 1 章  用 Python 下载数据 </h2>
            <ol>
                <li> 什么是数据抓取？ </li>
                <li> 安装 Python</li>
                <li> 用 requests 访问网站 </li>
            </ol>
        </div>
        <div id="chap2">
            <h2> 第 2 章  HTML 解析 </h2>
            <ol>
                <li> 尝试解析 HTML</li>
                <li> 获取新闻列表 </li>
                <li> 将链接列表存入文件 </li>
                <li> 批量下载图片 </li>
            </ol>
        </div>
        ……省略……
    </body>
</html>
```

soup.find_all("li")

接下来查找页面上所有 **li** 标签并显示标签内的字符串。

chap2/chap2-4.py

```
import requests
from bs4 import BeautifulSoup

# 获取并解析网页
load_url = "https://okbook.demosharer.com/books/python2nen/test2.html"
html = requests.get(load_url)
soup = BeautifulSoup(html.content, "html.parser")

# 查找所有 li 标签，显示标签内的字符串
for element in soup.find_all("li"):
    print(element.text)
```

查找并显示所有 li 标签

输出结果

```
什么是数据抓取?
安装 Python
用 requests 访问网站
尝试解析 HTML
获取新闻列表
将链接列表存入文件
批量下载图片
```

页面中所有li标签的字符串都显示出来了。

好厉害。所有项目一下子显示出来了。但是看不出哪个是第1章，哪个是第2章。

是啊，比如想要查找“第2章的项目有哪些”时，会混入不需要的信息。

嗯。虽然已经很方便了，但信息混乱这一点还是有点烦人。

这时候就要试试缩小查找范围了。

缩小查找范围?

刚才是查找“整个页面的所有li标签”。如果要专门查找“第2章的元素”，可以缩小范围，只提取“第2章的项目”。

告诉它在什么范围内查找就行了啊。

用 id 或 class 缩小查找范围

网页由许多元素构成。为了区分同一个种类的不同元素，可以用“**id** 属性”或“**class** 属性”为元素赋予固定的名称。

例如，在 test2.html 中，第 1 章用了 **<div id="chap1">**，第 2 章用了 **<div id="chap2">**，通过在 **id** 属性中添加独特的名称加以区分。

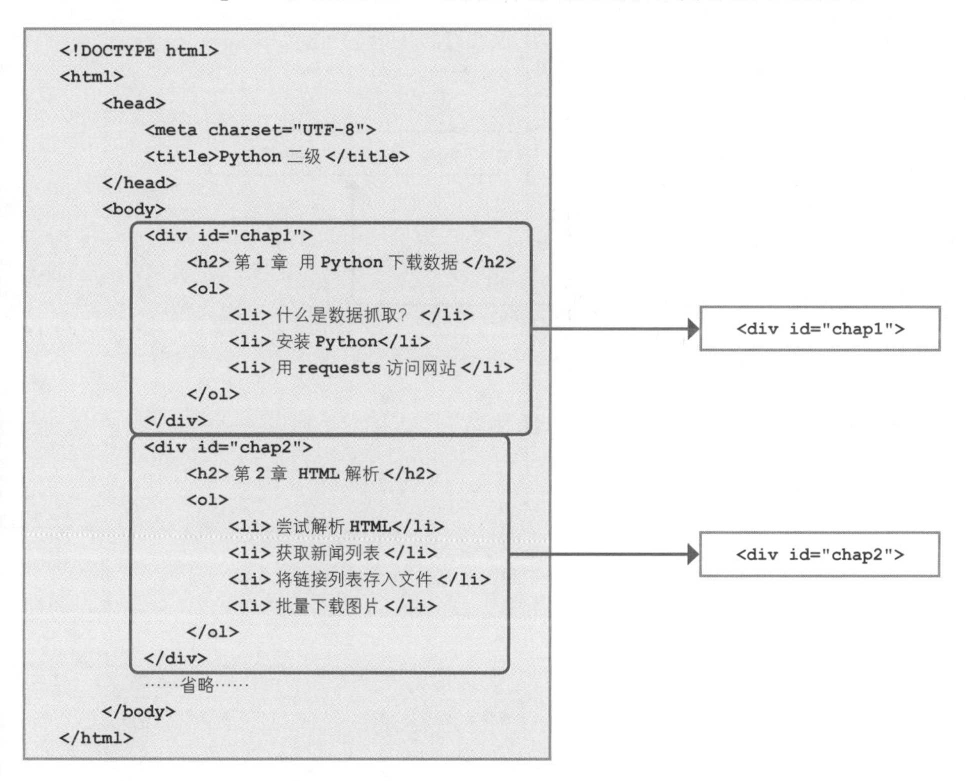

```
<!DOCTYPE html>
<html>
    <head>
        <meta charset="UTF-8">
        <title>Python 二级 </title>
    </head>
    <body>
        <div id="chap1">
            <h2> 第 1 章  用 Python 下载数据 </h2>
            <ol>
                <li> 什么是数据抓取？ </li>
                <li> 安装 Python</li>
                <li> 用 requests 访问网站 </li>
            </ol>
        </div>
        <div id="chap2">
            <h2> 第 2 章  HTML 解析 </h2>
            <ol>
                <li> 尝试解析 HTML</li>
                <li> 获取新闻列表 </li>
                <li> 将链接列表存入文件 </li>
                <li> 批量下载图片 </li>
            </ol>
        </div>
        ……省略……
    </body>
</html>
```


使用 Beautiful Soup，可以通过“**id** 属性”或“**class** 属性”的名称缩小查找范围。

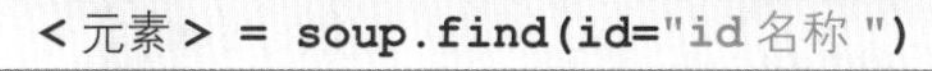

```
<元素 > = soup.find(id="id 名称 ")
```

```
<元素 > = soup.find(class_="class 名称 ")
```

※**class** 是 Python 的关键字，无法直接使用，所以要写作 **class_**。

```
<!DOCTYPE html>
<html>
    <head>
        <meta charset="UTF-8">
        <title>Python 二级 </title>
    </head>
    <body>
        <div id="chap1">
            <h2> 第 1 章  用 Python 下载数据 </h2>
            <ol>
                <li> 什么是数据抓取? </li>
                <li> 安装 Python</li>
                <li> 用 requests 访问网站 </li>
            </ol>
        </div>
        <div id="chap2">
            <h2> 第 2 章  HTML 解析 </h2>
            <ol>
                <li> 尝试解析 HTML</li>
                <li> 获取新闻列表 </li>
                <li> 将链接列表存入文件 </li>
                <li> 批量下载图片 </li>
            </ol>
        </div>
        ……省略……
    </body>
</html>
```

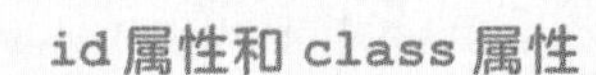

备忘录

id属性和class属性

id 属性和 **class** 属性都用于对元素进行区分。二者的区别如下。

id 属性

用于网页中唯一的元素，为页面中唯一的元素指定名称。同一个 id 名称在一个 HTML 文件中只能出现一次。

class 属性

用于网页中同一类别的元素。这个类名可能被页面中的许多元素使用。当然也不排除一个类名在 HTML 文件中只出现一次的情况。

我们尝试获取“第 2 章的元素”。由于写作 **<div id="chap2">**，所以查找 **id** 为 **chap2** 的元素。

chap2/chap2-5.py

```
import requests
from bs4 import BeautifulSoup

# 获取并解析网页
load_url = "https://okbook.demosharer.com/books/python2nen/test2.html"
html = requests.get(load_url)
soup = BeautifulSoup(html.content, "html.parser")

# 用 id 查找并显示元素的内容
chap2 = soup.find(id="chap2")
print(chap2)
```

显示 **id** 在 **chap2** 范围内的元素

输出结果

```
<div id="chap2">
<h2>第 2 章  HTML 解析 </h2>
<ol>
<li>尝试解析 HTML</li>
<li>获取新闻列表 </li>
<li>将链接列表存入文件 </li>
<li>批量下载图片 </li>
</ol>
</div>
```

通过指定 id，
将范围缩小到 id
对应的范围内。

成功获取了第 2 章的元素，缩小了查找范围。进一步，我们尝试查找该元素的所有 **li** 标签。

chap2/chap2-6.py

```
import requests
from bs4 import BeautifulSoup

# 获取并解析网页
load_url = "https://okbook.demosharer.com/books/python2nen/test2.html"
html = requests.get(load_url)
soup = BeautifulSoup(html.content, "html.parser")

# 用 id 查找，显示其中所有 li 标签的内容
chap2 = soup.find(id="chap2")  ……用 id 查找"chap2"
for element in chap2.find_all("li"):  ……显示其中所有 li 标签的字符串
    print(element.text)
```

输出结果

```
尝试解析 HTML
获取新闻列表
将链接列表存入文件
批量下载图片
```

只剩字符串，更清晰了。

这样就成功地"仅提取了第 2 章的项目"。

获取新闻列表

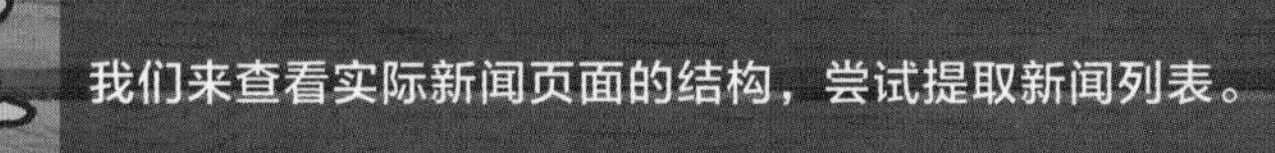

我们来查看实际新闻页面的结构，尝试提取新闻列表。

我不想只停留在这些测试样本上，我想研究一下真实的网页。

那我们来读取新闻网站的页面，尝试提取其中最新话题的列表。

一定很有趣！既然要试，我们就试一试 IT 的话题好不好？

下面，我们浏览著名的 IT 信息网站“中关村在线”的新闻网站，尝试显示最新话题列表。

※ 网站页面本身的结构会有变化和更新，接下来的内容不一定与最新的网站相对应。读者可以参考本章的讲解来分析最新的网站。

“中关村在线”的新闻网站地址：

https://news.zol.com.cn

用“开发人员工具”缩小范围

新闻网页含有大量标签，如果直接爬取下来，很难找到所需的元素。鉴于此，我们先利用浏览器的功能缩小范围。

现代浏览器，如 Firefox、Chrome、Edge 等，都提供了“开发人员工具”。本书以 Microsoft Edge 为例介绍这个工具。

① 显示开发人员工具

用 Microsoft Edge 打开网站，然后❶点击右上角的“…”按钮打开菜单，❷在“更多工具”中❸选择“开发人员工具”。此时默认在网页的右侧显示开发人员工具。

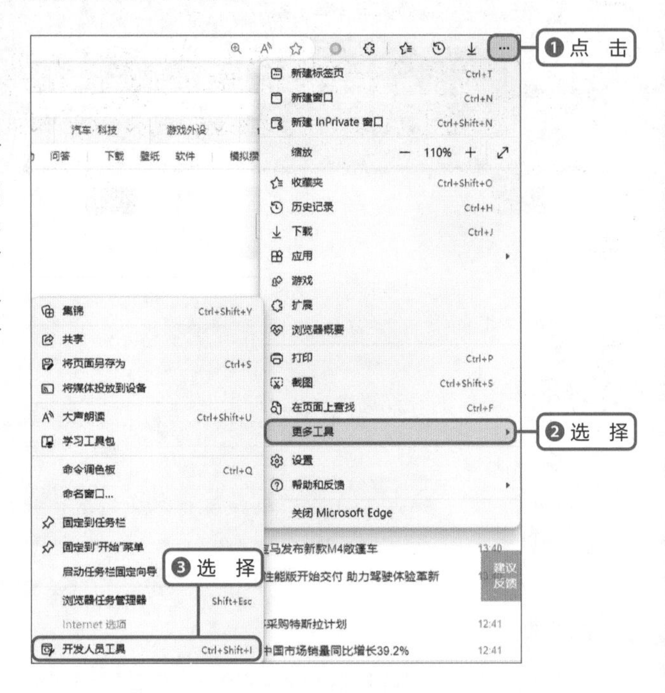

② 查找对应的 HTML

❶点击“开发人员工具”最左上方的“</> 元素”按钮，

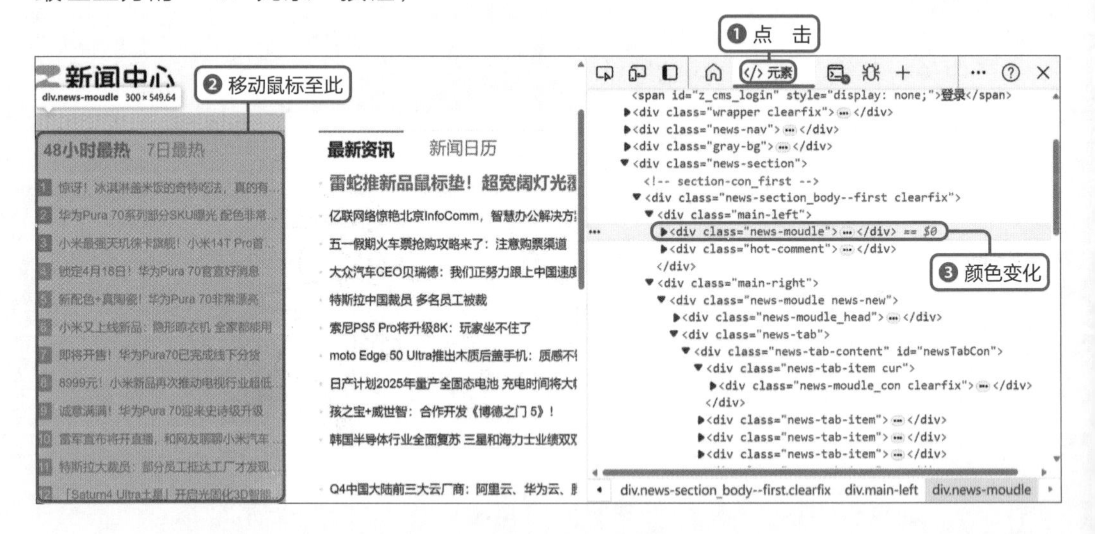

然后 ❷ 将鼠标移到页面左侧，通过移动位置确定范围，❸ 右侧对应的标签颜色发生变化。用这种方法选择话题列表的范围，可以看出标签对应的目标元素。

③ 进入下一层

想要进一步缩小范围，需要 ❶ 点击右侧颜色高亮的标签左侧的小三角箭头“▼”，展开标签。有时可能需要多次展开若干层，才能确定目标标签。

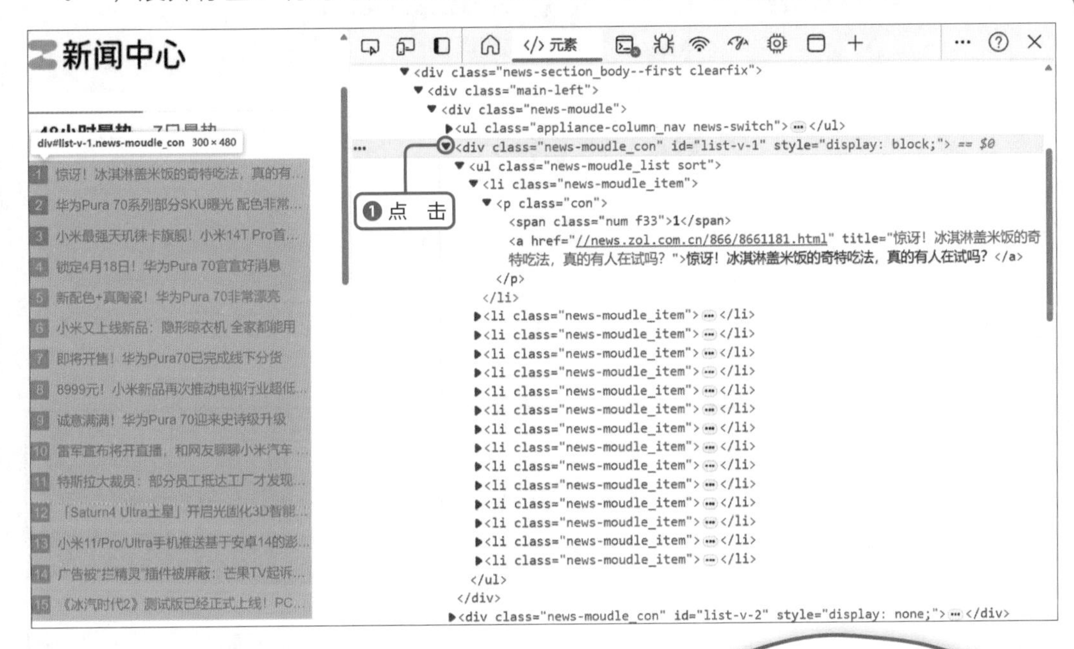

以“中关村在线”为例，左侧的最新话题分为“48 小时最热”和“7 日最热”，其中“48 小时最热”的话题在 **id** 为 **list-v-1** 的元素范围内。我们接着用 **find(id="list-v-1")** 缩小范围，从中查找并显示所有 **a** 标签。

a 标签是 URL 链接的标签。页面上的 **a** 标签指定了话题名称，同时还给出了话题详情的地址。

chap2/chap2-7.py

```
import requests
from bs4 import BeautifulSoup

# 获取并解析网页
load_url = "https://news.zol.com.cn"
html = requests.get(load_url)
soup = BeautifulSoup(html.content, "html.parser")

# 用id查找，显示其中所有a标签的内容
topic = soup.find(id="list-v-1")            ……用id查找元素
for element in topic.find_all("a"):          ┐
    print(element.text)                      ┘……显示其中所有a标签的字符串
```

※ 代码中 id="list-v-1" 部分可能会随着网页设计和开发的更新而发生变化，请读者参考第 44 ~ 45 页的内容自行查找当前网站相关内容使用的 id 或者 class 名称，编写相应的代码。

输出结果

```
惊讶！冰淇淋盖米饭的奇特吃法，真的有人在试吗？
华为 Pura 70 系列部分 SKU 曝光 配色非常丰富
小米最强天玑徕卡旗舰！小米 14T Pro 首度现身
锁定 4 月 18 日！华为 Pura 70 官宣好消息
新配色 + 真陶瓷！华为 Pura 70 非常漂亮
小米又上线新品：隐形晾衣机 全家都能用
即将开售！华为 Pura70 已完成线下分货
8999 元！小米新品再次推动电视行业超低价格！
诚意满满！华为 Pura 70 迎来史诗级升级
（以下省略）
```

太棒了！显示最新的IT新闻列表了。如果我明天再来运行这段代码，生成的列表可能就会变化了。

第6课

将链接列表写入文件

我们来学习如何查找页面上的所有链接，将结果作为链接清单写入文件。

现在，我们尝试查找页面上的所有链接，然后将查找结果作为链接清单写入文件。

这就是“自动生成链接清单的程序”吧，这个不错。

显示所有链接标签的 href 属性

先来获取 test2.html 页面上的链接列表。

为此，我们需要查找所有链接，也就是所有 **a** 标签。标签的字符串可以用 **.text** 提取，而链接的地址被写在标签的 **href="<URL>"** 部分，需要使用 **.get("href")** 提取。类似地，图片标签 **img** 的链接写在 **src="<URL>"** 部分，需要使用 **.get("src")** 提取。这里的 **href** 和 **src** 都是属性的名称。

格式：提取元素的属性值

<值> = <元素>.get(" 属性名 ")

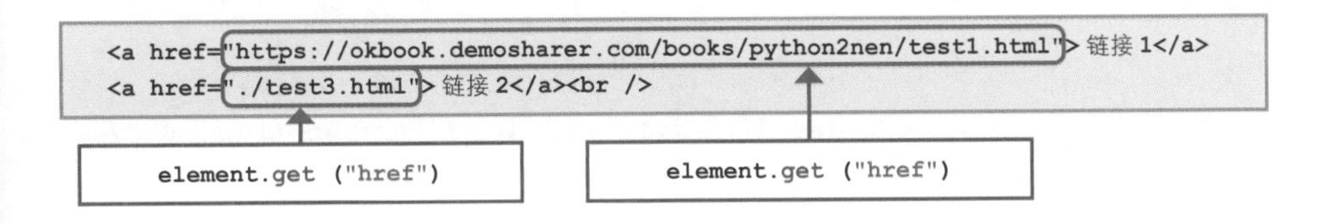
<a href="https://okbook.demosharer.com/books/python2nen/test1.html"> 链接 1</a>
<a href="./test3.html"> 链接 2</a>
element.get ("href")
element.get ("href")

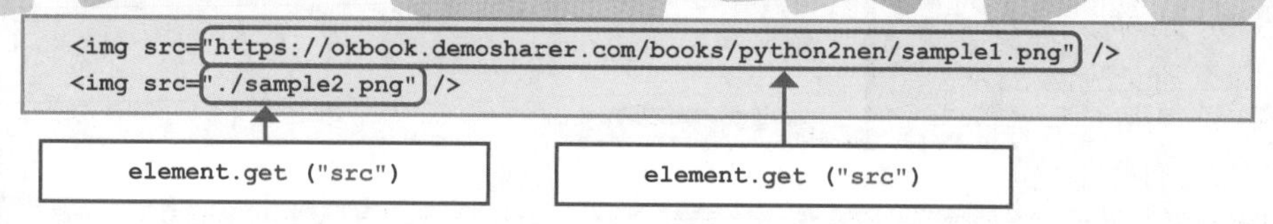
<img src="https://okbook.demosharer.com/books/python2nen/sample1.png" />
<img src="./sample2.png" />
element.get ("src")
element.get ("src")

用 **for element in soup.find_all("a"):** 可以逐个提取所有的 **a** 标签，并显示标签的字符串和链接。元素的 **href** 属性值给出了链接，指定 **url = element.get("href")** 即可提取。

chap2/chap2-8.py

```
import requests
from bs4 import BeautifulSoup

# 获取并解析网页
load_url = "https://okbook.demosharer.com/books/python2nen/test2.html"
html = requests.get(load_url)
soup = BeautifulSoup(html.content, "html.parser")

# 查找所有 a 标签，显示链接
for element in soup.find_all("a"):  ……… 查找所有 a 标签
    print(element.text)
    url = element.get("href")  ………………… 提取 href 属性
    print(url)
```

记住绝对地址和相对地址的区别哦！

输出结果

```
链接 1
https://okbook.demosharer.com/books/python2nen/test1.html … 绝对地址
链接 2
./test3.html ……………………………………………… 相对地址
```

test2.html 中有两个链接，输出结果也显示了这两个链接，但它们是有区别的。链接 1 是普通地址，也称为“绝对地址”，直接在地址栏中输入该地址即可访问；相比之下，链接 2 较短，是表示“以该网页的地址为参考”的“相对地址”。绝对地址可以直接作为网址使用，而相对地址不行。我们接下来将相对地址转换为绝对地址。

将所有链接标签的 href 属性显示为绝对地址

要将相对地址转换为绝对地址，可以使用 urllib 库的“**parse.urljoin("<参考地址>", "<查找地址>")**”。

向函数传递参考地址（以此页面为查找地址的参考）和准备查找的地址。如果后者是绝对地址，则直接返回这个地址；如果是相对地址，则将其和参考地址合并，生成绝对地址。接下来我们导入 urllib 库，添加地址转换处理的代码。

chap2/chap2-9.py

```
import requests
from bs4 import BeautifulSoup
import urllib

# 获取并解析网页
load_url = "https://okbook.demosharer.com/books/python2nen/test2.html"
html = requests.get(load_url)
soup = BeautifulSoup(html.content, "html.parser")

# 查找所有 a 标签，显示链接为绝对地址
for element in soup.find_all("a"):
    print(element.text)
    url = element.get("href")
    link_url = urllib.parse.urljoin(load_url, url)  …… 获取绝对地址
    print(link_url)
```

输出结果

只显示绝对地址了！

```
链接 1
https://okbook.demosharer.com/books/python2nen/test1.html
链接 2
https://okbook.demosharer.com/books/python2nen/test3.html
```

两个链接都显示为绝对地址，这样可以用作链接清单了。

自动生成链接清单的程序

最后，将链接列表写入文件。确定要保存的文件名，以写入模式打开（最好同时设置为 UTF-8 编码）。对每个查找结果，用“**.write(<值>)**”逐步添加到文件中。如果直接添加，所有内容会显示成一行，因此要插入换行符 **\n**。

chap2/chap2-10.py

```
import requests
from bs4 import BeautifulSoup
import urllib

# 获取并解析网页
load_url = "https://okbook.demosharer.com/books/python2nen/test2.html"
html = requests.get(load_url)
soup = BeautifulSoup(html.content, "html.parser")

# 以写入模式打开文件
filename = "linklist.txt"
with open(filename, "w", encoding="utf-8") as f:…… 打开文件
    # 查找所有 a 标签，将链接以绝对地址写入文件
    for element in soup.find_all("a"):
        url = element.get("href")
        link_url = urllib.parse.urljoin(load_url, url)
        f.write(element.text+"\n") ………… 写入文件
        f.write(link_url+"\n")
        f.write("\n")
```

输出结果 linklist.txt

```
链接 1
https://okbook.demosharer.com/books/python2nen/test1.html
链接 2
https://okbook.demosharer.com/books/python2nen/test3.html
```

运行后会生成链接清单文件 linklist.txt。用文本编辑器打开，即可看到生成的链接清单。

批量下载图片

尝试查找页面中的所有图像文件，并自动下载。

编写一个一键下载页面内所有图像的程序。

这个功能我也想要。既然是查找所有图像，做法应该一样吧？

你也可以用同样的方式检索图像地址，但是使用该地址下载图像文件的部分有点儿不一样。

读取并保存图像文件

我们先尝试编写仅下载一张图片的测试程序。本书测试页提供的样图地址如下。

测试页的样图：

https://okbook.demosharer.com/books/python2nen/sample1.png

下载方法很简单，用之前用过的requests库从网上获取数据并写入文件即可。但图像是二进制文件，打开文件时要指定 **mode="wb"**。

格式：写入图像文件

```
imgdata = requests.get(<图像地址>)
with open(<文件名>, mode="wb") as f:
    f.write(imgdata.content)
```

保存图像时需要文件名，我们可以从地址中获取。先用“/”将地址拆分为列表，拆分后的地址列表中的最后一个值就是文件名。因此，我们指定 **filename = image_url.split("/")[-1]**，提取文件名。列表中的 **[-1]** 表示倒数第一个值，也就是最后一个。

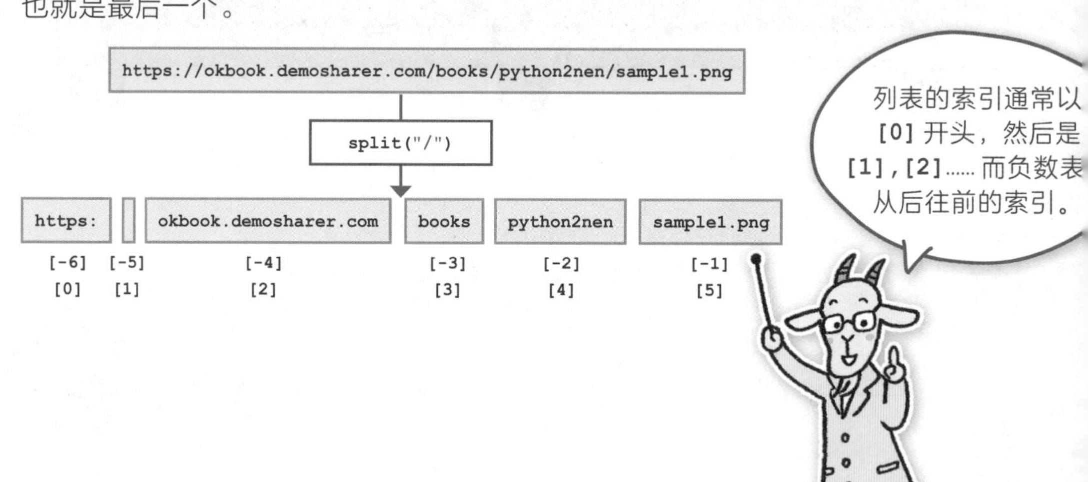

chap2/chap2-11.py

```
import requests

# 获取图像文件
image_url = "https://okbook.demosharer.com/books/python2nen/sample1.png"
imgdata = requests.get(image_url)

# 从地址中提取最后的文件名
filename = image_url.split("/")[-1]  ········提取文件名

# 将图像数据写入文件
with open(filename, mode="wb") as f:  ······以二进制写入模式打开
    f.write(imgdata.content)  ························写入图像数据
```

运行后会输出一个名为 sample1.png 的图像文件。

输出结果

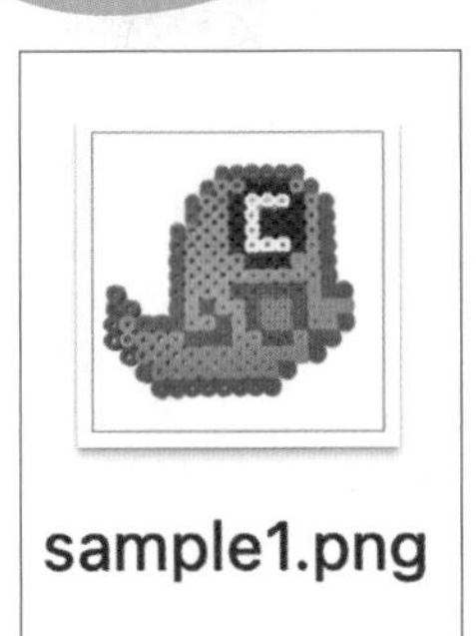

sample1.png

创建下载文件夹

我们来编写一键下载多个图像文件的测试程序。创建下载文件夹，以便批量存入文件。

在 Python 中创建文件夹并对其进行各种操作要用 Path 模块。该模块包含在标准库 pathlib 中，用 **from pathlib import Path** 导入。

为Path指定文件夹的名称，使用 **.mkdir(exist_ok=True)** 函数新建文件夹。访问文件夹中的文件时，使用“**<文件夹>.joinpath("<文件名>")**”将文件夹名和文件名组合，创建访问路径。向该路径写入图像数据，就能在文件夹内创建图像文件。

格式：新建文件夹

```
<文件夹> = Path("<文件夹>名称")
<文件夹>.mkdir(exist_ok=True)
```

格式：创建访问文件夹中文件的路径

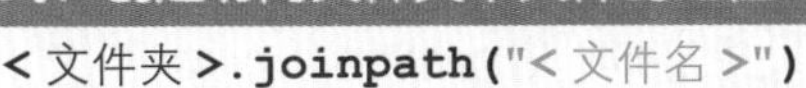

```
<文件夹>.joinpath("<文件名>")
```

接着创建“download”文件夹，将样图下载到文件夹内。

chap2/chap2-12.py

```
import requests
from pathlib import Path

# 创建保存文件夹
out_folder = Path("download")
out_folder.mkdir(exist_ok=True) ………………………… 创建“download”文件夹

# 获取图像文件
image_url = "https://okbook.demosharer.com/books/python2nen/sample1.png"
imgdata = requests.get(image_url)

# 提取地址最后的文件名，连接保存文件夹名
filename = image_url.split("/")[-1]
out_path = out_folder.joinpath(filename) ……… 与文件名组合

# 将图像数据写入文件
with open(out_path, mode="wb") as f:
    f.write(imgdata.content)
```

输出结果

download

sample1.png

运行后，“download”文件夹中出现了图像文件“sample1.png”。

显示所有 img 标签的图像文件地址

下面是显示 test2.html 中的图像文件地址清单的测试程序。我们需要直接访问和读取图像文件，因此要把地址转换为绝对地址，并提取地址中的最后一个值作为要保存的文件名。

chap2/chap2-13.py

```
import requests
from bs4 import BeautifulSoup
import urllib

# 获取并解析网页
load_url = "https://okbook.demosharer.com/books/python2nen/test2.html"
html = requests.get(load_url)
soup = BeautifulSoup(html.content, "html.parser")

# 查找所有 img 标签，获取链接
for element in soup.find_all("img"): ……查找所有 img 标签
    src = element.get("src") ……获取 src 属性

    # 显示绝对地址和文件
    image_url = urllib.parse.urljoin(load_url, src) ……获取绝对地址
    filename = image_url.split("/")[-1] ……获取文件名
    print(image_url, ">>", filename)
```

输出结果

```
https://okbook.demosharer.com/books/python2nen/sample1.png >> sample1.png
https://okbook.demosharer.com/books/python2nen/sample2.png >> sample2.png
https://okbook.demosharer.com/books/python2nen/sample3.png >> sample3.png
```

这样就得到了图像文件的绝对地址和要保存的文件名。

一键下载页面上所有图像的程序

综合运用上述知识，就能编写“一键下载页面上所有图像的程序”了。

这是一个自动连续下载多个图像文件的程序。程序本身没有问题，但请切记：不可过度访问，以免给对方的服务器造成负担。为此，我们添加“每次访问后等待1秒”的代码。

使用标准库 **time** 很容易实现“等待1秒”。使用“**time.sleep(<秒数>)**”函数，可以让程序暂停指定秒数。我们在每次读取数据结束后添加“等待1秒”的命令。

格式：等待1秒

```
import time
time.sleep(1)
```

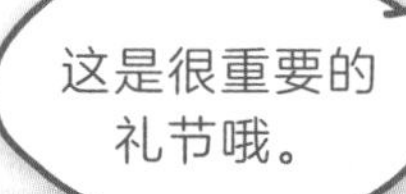

现在，我们来下载页面内的所有图片吧。

程序越来越长，让人眼花缭乱。

那我们来整理一下思路吧。首先怎样才能“检索页面内的所有图片”呢？回忆一下，图片通常用 img 标签表示。

使用 soup.find_all("img") 就可以全部检索到了。

检索到的 img 标签中有图片地址，可以用 element.get("src") 提取。

嗯嗯。

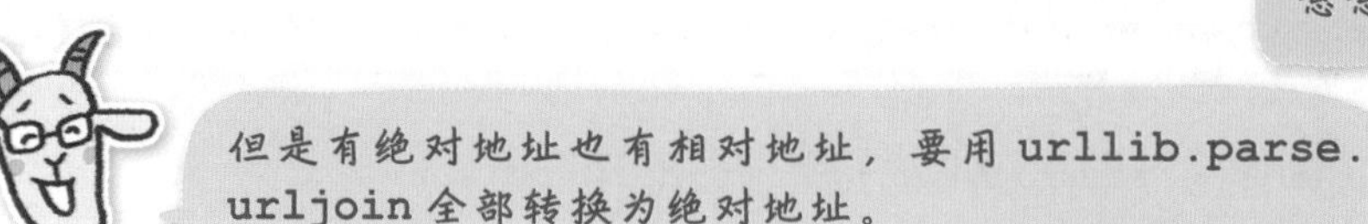

但是有绝对地址也有相对地址，要用 urllib.parse.
urljoin 全部转换为绝对地址。

因为情况多种多样。

用绝对地址读取图像数据，写入文件，就可以下载了。每次下载后暂停1秒。

本来以为又长又麻烦，其实都是按步骤进行的啊。

那么，我们输入“一键下载页面上所有图片的程序”。篇幅较长，加油哦。

chap2/chap2-14.py

```
import requests
from bs4 import BeautifulSoup
from pathlib import Path
import urllib
import time

# 获取并解析网页
load_url = "https://okbook.demosharer.com/books/python2nen/test2.html"
html = requests.get(load_url)
soup = BeautifulSoup(html.content, "html.parser")

# 创建保存文件夹
out_folder = Path("download2")
out_folder.mkdir(exist_ok=True)

# 检索所有 img 标签，获取链接
for element in soup.find_all("img"):
    src = element.get("src")

    # 创建绝对地址，获取图像数据
    image_url = urllib.parse.urljoin(load_url, src)
    imgdata = requests.get(image_url)

    # 从地址末尾提取文件名，连接保存文件夹名
    filename = image_url.split("/")[-1]
    out_path = out_folder.joinpath(filename)
```

```
    # 将图像数据写入文件
    with open(out_path, mode="wb") as f:
        f.write(imgdata.content)

    # 每次访问后等待 1 秒
    time.sleep(1)
```

输出结果

sample1.png　　sample2.png　　sample3.png

成功了！下载了 3 个图像文件。

好的，你可能会想多多尝试哦。

读写表格数据

双叶同学，你有没有见过熊猫？
见过！在阿姨家附近的动物园见过，很可爱呢。

在Python的世界里也有熊猫（pandas）哦。

哦？Python世界里的熊猫都做什么呢？

DATA
DATA
DATA
DATA
pandas
DATA
它们能将收集的数据整理好。

这么能干！

嗯，那我们来看看吧！
好期待！

引 言

使用 pandas

学习处理各种数据

	姓名	语文	数学	英语	科学	社会
0	A 洋	83	89	76	97	76
1	B 刚	66	93	75	88	76
2	C 婷	100	84	96	82	94
3	D 浩	60	73	63	52	70
4	E 美	92	62	84	80	78
5	F 静	96	92	[illegible]	[illegible]	90

用 matplotlib 显示图表

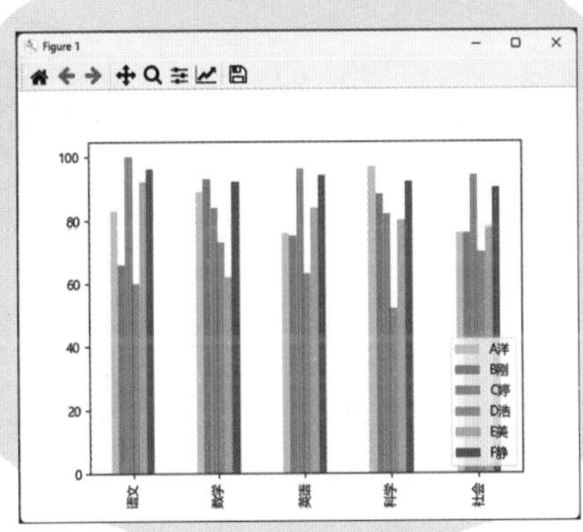

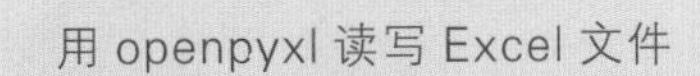

用 openpyxl 读写 Excel 文件

csv_to_excel3.xlsx • 已保存到这台电脑

文件 开始 插入 绘图 页面布局 公式 数据 审阅 视图 帮助

A1 姓名

	A	B	C	D	E	F
1	姓名	语文	数学	英语	科学	社会
2	A洋	83	89	76	97	76
3	B刚	66	93	75	88	76
4	C婷	100	84	96	82	94
5	D浩	60	73	63	52	70
6	E美	92	62	84	80	78
7	F静	96	92	94	92	90
8						

原数据 语文排序

第8课

使用 pandas

在这一课，我们学习读取表格数据。那么，表格数据可以用来干什么呢？

接下来我们来处理表格数据。它和文本、图像等形式的数据同样重要。

就是那种好多数字的数据吧，眼睛都看花了。

没关系。有一种库可以让我们轻松处理表格数据。只要指定文件名就可以读取和汇总。

有这么好用的库啊。

这个库名叫“pandas”。它是外部库，我们先来安装吧。

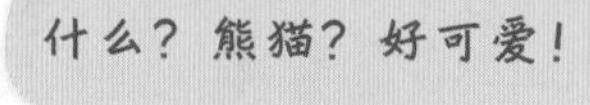

什么？熊猫？好可爱！

安装 pandas

pandas 是一个外部库，可以读取表格数据，支持数据的添加、删除、提取、汇总、导出等操作。安装步骤如下，具体可参考第 3 课的“外部库的安装方法”。

在 Windows 系统中使用命令提示符安装

```
pip install pandas
```

在 macOS 系统中使用终端安装

```
pip3 install pandas
```

认识表格数据

表格数据是由行和列组成的数据。

横向排列的一行是一条数据。例如，通讯录数据中的 1 个人，购物数据中的 1 个品类，全国人口趋势统计数据中的 1 个行政单位等。它们被称为“行”（row）或者“记录”（record）等。人们在询问“从上往下第几条数据”时，指的就是这里的“行”。

纵向排列的一列是一个项目。项目指的是一条数据包含的各种元素的类型。例如，通讯录数据包含姓名、地址、电话号码、办公 / 住宅地址、生日等项目。它们被称为“列”或者“栏”（column）等。人们在询问“从左到右第几条数据”时，指的就是这里的“列”。

我在 Excel 中见过！

列（一个项目）

行（一条数据）

元素（一个格子）

	姓　名	语　文	数　学	英　语	科　学	社　会
0	A 洋	83	89	76	97	76
1	B 刚	66	93	75	88	76
2	C 婷	100	84	96	82	94
3	D 浩	60	73	63	52	70
4	E 美	92	62	84	80	78
5	F 静	96	92	94	92	90

每个格子是一个“元素”，有时也称为“字段”或者“输入项目”等。在Excel中称为“单元格”。

表格数据的最上面一行通常为项目的名称（有时没有），表示“每一列是什么项目”。这一行被称为“表头”。

表格的最左侧一列通常为编号（有时没有），表示“每一行是第几条数据”。这一列被称为“索引”。

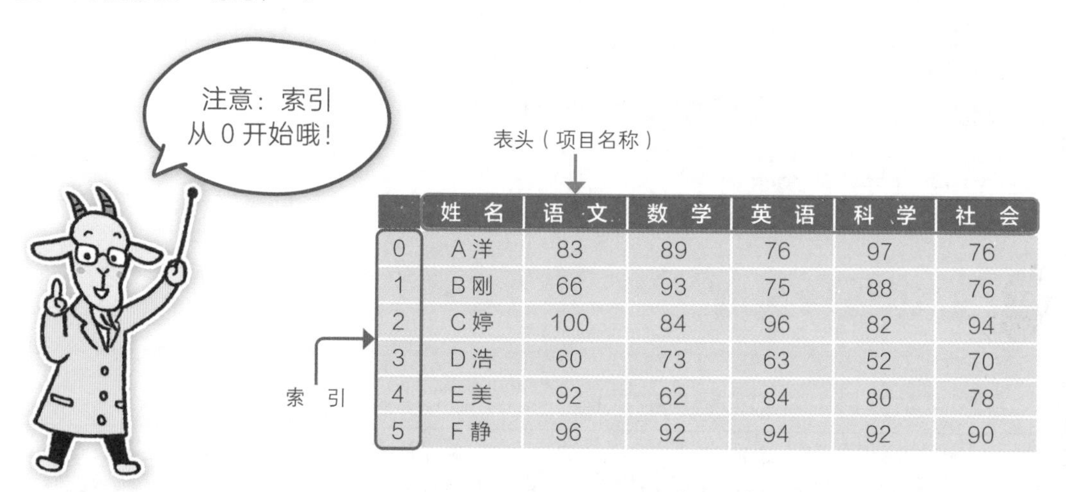

	姓 名	语 文	数 学	英 语	科 学	社 会
0	A 洋	83	89	76	97	76
1	B 刚	66	93	75	88	76
2	C 婷	100	84	96	82	94
3	D 浩	60	73	63	52	70
4	E 美	92	62	84	80	78
5	F 静	96	92	94	92	90

将表格数据保存为文件时，常用CSV文件格式。CSV文件是一种文本文件，包含许多行以逗号分隔的数据。文件的每一行是一条数据，由逗号分隔的每一部分是“元素”。

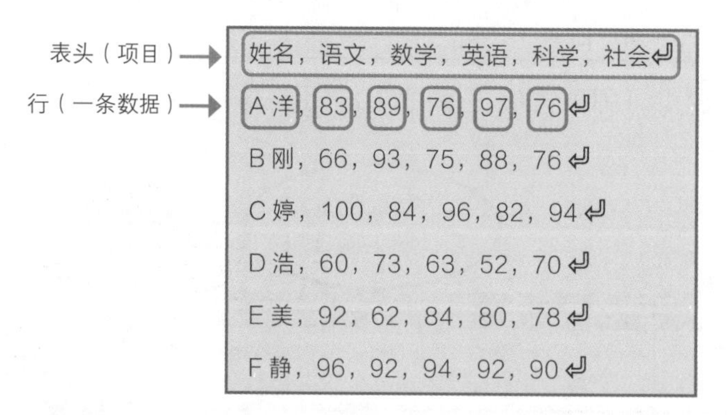

姓名，语文，数学，英语，科学，社会↵
A 洋，83，89，76，97，76↵
B 刚，66，93，75，88，76↵
C 婷，100，84，96，82，94↵
D 浩，60，73，63，52，70↵
E 美，92，62，84，80，78↵
F 静，96，92，94，92，90↵

有的数据第一行有表头，有的没有；有的数据第一列有索引，有的没有。因此，在读取数据时，要先检查有没有表头和索引。

什么是 CSV

CSV 的全称是 Comma-Separated Values，中文翻译为"逗号分隔值"，其中的数据通常用逗号分隔。也有一种数据格式用制表符（Tab）分隔，简称 TSV（Tab-Separated Values）。两种格式的每行数据都用换行符分隔。

读取 CSV 文件

我们来读取样本文件"test.csv"。文件的第一行是表头。

样本文件 test.csv

```
姓名，语文，数学，英语，科学，社会
A洋,83,89,76,97,76
B刚,66,93,75,88,76
C婷,100,84,96,82,94
D浩,60,73,63,52,70
E美,92,62,84,80,78
F静,96,92,94,92,90
```

首先导入 pandas 库。用 **import pandas as pd** 将 pandas 简写为 **pd** 导入并使用。

接着读取 CSV 文件。使用"**pd.read_csv("<文件名>.csv")**"函数，将表格数据读取为"DataFrame"（数据框）。DataFrame 是 pandas 库能够处理的表格数据结构。准备工作到此结束。

最后直接显示 DataFrame 的内容，结果表明文件读取成功。

格式：读取 CSV 文件

```
df = pd.read_csv("<文件名>.csv")
```

chap3/chap3-1.py

```
import pandas as pd

# 读取 CSV 文件
df = pd.read_csv("test.csv")
print(df)
```

输出结果

	姓名	语文	数学	英语	科学	社会
0	A洋	83	89	76	97	76
1	B刚	66	93	75	88	76
2	C婷	100	84	96	82	94
3	D浩	60	73	63	52	70
4	E美	92	62	84	80	78
5	F静	96	92	94	92	90

我们先查看读取的数据信息。数据的条数、项目名称和索引分别用 **len(df)**、**df.columns.values** 和 **df.index.values** 查看，显示如下。

chap3/chap3-2.py

```
import pandas as pd

# 读取 CSV 文件
df = pd.read_csv("test.csv")

# 显示表格数据信息
print("数据条数 =",len(df))
print("项目名   =",df.columns.values)
print("索引     =",df.index.values)
```

输出结果

```
数据条数 = 6
项目名   = ['姓名' '语文' '数学' '英语' '科学' '社会']
索引     = [0 1 2 3 4 5]
```

可见，表格数据已经成功解析。

显示列数据和行数据

首先，我们尝试获取列数据。指定“`df["<列名>"]`”可以获取特定列的数据。获取若干列数据时指定“`df[["<列名1>", "<列名2>", …]]`”，获取列表。

格式：单列数据

```
df["<列名>"]
```

格式：多列数据

```
df[["<列名1>", "<列名2>", …]]
```

下面显示 test.csv 文件中语文和数学成绩的列数据。

列数据

	姓 名	语 文	数 学	英 语	科 学	社 会
0	A 洋	83	89	76	97	76
1	B 刚	66	93	75	88	76
2	C 婷	100	84	96	82	94
3	D 浩	60	73	63	52	70
4	E 美	92	62	84	80	78
5	F 静	96	92	94	92	90

chap3/chap3-3.py

```
import pandas as pd

# 读取 CSV 文件
df = pd.read_csv("test.csv")

# 显示单行数据
print(" 语文成绩的列数据 \n",df[" 语文 "])

# 显示多行数据
print(" 语文和数学成绩的列数据 \n",df[[" 语文 "," 数学 "]])
```

输出结果

```
语文成绩的列数据
0      83
1      66
2     100
3      60
4      92
5      96
Name: 语文 , dtype: int64
语文和数学成绩的列数据
    语文  数学
0    83   89
1    66   93
2   100   84
3    60   73
4    92   62
5    96   92
```

接着，获取行数据。指定“**df.loc[<行号>]**”可以获取特定行的数据。获取多行数据时，指定“**df.loc[[<行号1>, <行号2>, …]]**”获取一个列表。要获取单个元素，可以通过“**df.loc[<行号>]["<列名>"]**”指定行和列来获取。

格式：单行数据

```
df.loc[<行号>]
```

格式：多行数据

```
df.loc[[<行号1>,<行号2>]]
```

格式：单元格数据

```
df.loc[<行号1>]["<列名>"]
```

接下来让我们显示 test.csv 中索引为 2 和 3 的两行数据，以及索引为 2 的一行中的语文成绩数据。

	姓 名	语 文	数 学	英 语	科 学	社 会
0	A洋	83	89	76	97	76
1	B刚	66	93	75	88	76
2	C婷	100	84	96	82	94
3	D浩	60	73	63	52	70
4	E美	92	62	84	80	78
5	F静	96	92	94	92	90

行数据

元素数据

chap3/chap3-4.py

```
import pandas as pd

# 读取 CSV 文件
df = pd.read_csv("test.csv")

# 显示单行数据
print("C 婷的数据 \n",df.loc[2])

# 显示多行数据
print("C 婷和 D 浩的数据 \n",df.loc[[2,3]])

# 显示指定行、指定列的数据
print("C 婷的语文成绩 \n", df.loc[2][" 语文 "])
```

输出结果

```
C 婷的数据
姓名      C 婷
语文      100
数学      84
英语      96
科学      82
社会      94
Name: 2, dtype: object
C 婷和 D 浩的数据
    姓名  语文  数学  英语  科学  社会
2   C 婷  100   84    96    82    94
3   D 浩   60   73    63    52    70
C 婷的语文成绩
100
```

追加列数据和行数据

我们还可以向 DataFrame 追加列数据和行数据。

追加列数据时，要指定新的列名和对应的数据：**df["<追加列名>"] = [<第 0 行元素>, <第 1 行元素>, <第 2 行元素>, …]**。

追加行数据时，要指定新的行号和对应的数据：**df.loc[<追加行号>]=[<元素 1>, <元素 2>, <元素 3>, …]**。

格式：追加单列数据

```
df["<追加列名>"] = [<第 0 行元素>, <第 1 行元素>, <第 2 行元素>, …]
```

格式：追加单行数据

```
df.loc[<追加行号>] = [<元素 1>, <元素 2>, <元素 3>, …]
```

例如，追加一列“美术成绩”数据，再追加一行“G 惠”的成绩。注意：如果追加的元素数量和目标数据的元素数量不同，就会发生错误。

追加一列

	姓 名	语 文	数 学	英 语	科 学	社 会	美 术
0	A 洋	83	89	76	97	76	68
1	B 刚	66	93	75	88	76	73
2	C 婷	100	84	96	82	94	82
3	D 浩	60	73	63	52	70	77
4	E 美	92	62	84	80	78	94
5	F 静	96	92	94	92	90	96
6	G 惠	90	92	94	96	92	98

追加一行

chap3/chap3-5.py

```
import pandas as pd

# 读取CSV文件
df = pd.read_csv("test.csv")

# 追加单列数据
df["美术"] = [68, 73, 82, 77, 94, 96]
print("追加列数据（美术）\n",df)

# 追加单行数据
df.loc[6] = ["G惠", 90, 92, 94, 96, 92, 98]
print("追加行数据（G惠）\n",df)
```

输出结果

```
追加列数据（美术）
   姓名   语文  数学  英语  科学  社会  美术
0  A洋    83    89    76    97    76    68
1  B刚    66    93    75    88    76    73
2  C婷   100    84    96    82    94    82
3  D浩    60    73    63    52    70    77
4  E美    92    62    84    80    78    94
5  F静    96    92    94    92    90    96
追加行数据（G惠）
   姓名   语文  数学  英语  科学  社会  美术
0  A洋    83    89    76    97    76    68
1  B刚    66    93    75    88    76    73
2  C婷   100    84    96    82    94    82
3  D浩    60    73    63    52    70    77
4  E美    92    62    84    80    78    94
5  F静    96    92    94    92    90    96
6  G惠    90    92    94    96    92    98
```

可以看出第一步追加了“美术”一列，第二步追加了“G 惠”一行。

删除列数据和行数据

下面尝试删除某一列和某一行的数据，并显示结果。

删除指定列时，指定“**df.drop("<列名>", axis=1)**”；删除指定行时，指定“**df.drop(<行号>, axis=0)**”。

格式：删除指定列

```
df.drop("<列名>", axis=1)
```

格式：删除指定行

```
df.drop(<行号>, axis=0)
```

先删除“姓名”列，再删除索引为 2 的行，每次删除后都显示结果。

chap3/chap3-6.py

```
import pandas as pd

# 读取 CSV 文件
df = pd.read_csv("test.csv")

# 删除“姓名”列
print("删除“姓名”列\n", df.drop("姓名",axis=1))

# 删除索引为 2 的行
print("删除索引为 2 的行\n", df.drop(2,axis=0))
```

输出结果

删除“姓名”列

	语文	数学	英语	科学	社会
0	83	89	76	97	76
1	66	93	75	88	76
2	100	84	96	82	94
3	60	73	63	52	70
4	92	62	84	80	78
5	96	92	94	92	90

删除索引为 2 的行

	姓名	语文	数学	英语	科学	社会
0	A洋	83	89	76	97	76
1	B刚	66	93	75	88	76
3	D浩	60	73	63	52	70
4	E美	92	62	84	80	78
5	F静	96	92	94	92	90

删除数据也是可以的哦！

可以看出第一步删除了“姓名”列，第二步删除了索引为 2 的行。

编辑各种数据

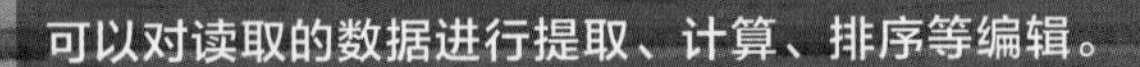

可以对读取的数据进行提取、计算、排序等编辑。

DataFrame（数据框）不仅可以追加和删除数据，还能编辑呢。

编辑？

可以轻松实现提取符合条件的数据、求平均值、从大到小排序等编辑。

轻松实现？我想试试！

提取所需信息

我们可以通过指定条件，提取符合条件的数据。例如，想要提取语文成绩在 90 分以上的行数据时，可以指定“**df[df["语文"] > 90]**”。

格式：提取符合条件的行数据

```
df = df[<使用 df["<列名>"] 的条件表达式>]
```

我们来提取语文成绩在 90 分以上的行数据，以及数学成绩在 70 分以下的行数据。

chap3/chap3-7.py

```
import pandas as pd

# 读取 CSV 文件
df = pd.read_csv("test.csv")

# 提取符合条件的数据
data_s = df[df["语文"] > 90]
print("语文 90 分以上 \n", data_s)

data_c = df[df["数学"] < 70]
print("数学 70 分以下 \n", data_c)
```

输出结果

```
语文 90 分以上
   姓名  语文  数学  英语  科学  社会
2  C婷  100   84   96   82   94
4  E美   92   62   84   80   78
5  F静   96   92   94   92   90

数学 70 分以下
   姓名  语文  数学  英语  科学  社会
4  E美   92   62   84   80   78
```

可以看出，第一步仅显示语文 90 分以上的行数据，第二步仅显示数学 70 分以下的行数据。

数据统计

我们还可以对表格数据进行统计。数据的最大值、最小值、平均值、中位数和求和，分别指定“**df["<列名>"].max()**”“**df["<列名>"].min()**”“**df["<列名>"].mean()**”“**df["<列名>"].median()**”“**df["<列名>"].sum()**”。

试一试对数学成绩进行统计。

chap3/chap3-8.py

```
import pandas as pd

# 读取 CSV 文件
df = pd.read_csv("test.csv")

# 显示统计结果（最大值，最小值，平均值，中位数，总和等）
print("数学最高分 =", df["数学"].max())
print("数学最低分 =", df["数学"].min())
print("数学平均分 =", df["数学"].mean())
print("数学中位数 =", df["数学"].median())
print("数学总和   =", df["数学"].sum())
```

输出结果

```
数学最高分 = 93
数学最低分 = 62
数学平均分 = 82.16666666666667
数学中位数 = 86.5
数学总和   = 493
```

数据排序

我们还可以对指定的列进行排序，方法为“**df.sort_values("<列名>")**”。

格式：数据排序（升序，从小到大）

```
df = df.sort_values("<列名>")
```

格式：数据排序（降序，从大到小）

```
df = df.sort_values("<列名>",ascending=False)
```

尝试将语文成绩按从高到低排序。

chap3/chap3-9.py

```
import pandas as pd

# 读取 CSV 文件
df = pd.read_csv("test.csv")

# 对语文成绩从高到低排序
yuwen = df.sort_values("语文",ascending=False)
print("语文成绩从高到低\n",yuwen)
```

输出结果

语文成绩从高到低

	姓名	语文	数学	英语	科学	社会
2	C婷	100	84	96	82	94
5	F静	96	92	94	92	90
4	E美	92	62	84	80	78
0	A洋	83	89	76	97	76
1	B刚	66	93	75	88	76
3	D浩	60	73	63	52	70

行列互换

除了前面介绍的方法，还有很多数据编辑方法。例如，将表格数据的行和列互换，可通过对 DataFrame 添加 **.T** 来实现。另外还可以将 DataFrame 转换为普通的 Python 列表，通过对 DataFrame 添加 **.values** 来实现。

下面尝试将 test.csv 进行行列互换、转换为 Python 列表，并显示结果。

chap3/chap3-10.py

```
import pandas as pd

# 读取 CSV 文件
df = pd.read_csv("test.csv")

# 行列互换
print("行列互换\n", df.T)

# 将数据转化为 Python 列表
print("转化为 Python 列表\n", df.values)
```

输出结果

```
行列互换
        0     1     2     3     4     5
姓名   A洋   B刚   C婷   D浩   E美   F静
语文   83    66    100   60    92    96
数学   89    93    84    73    62    92
英语   76    75    96    63    84    94
科学   97    88    82    52    80    92
社会   76    76    94    70    78    90
转化为 Python 列表
 [['A洋' 83 89 76 97 76]
  ['B刚'  66 93 75 88 76]
```

```
 ['C婷'  100 84 96 82 94]
 ['D浩'   60 73 63 52 70]
 ['E美'   92 62 84 80 78]
 ['F静'   96 92 94 92 90]]
```

输出 CSV 文件

DataFrame 可以输出为 CSV 文件，方法为 **df.to_csv("<文件名>.csv")**。

格式：输出 CSV 文件

```
df.to_csv("<文件名>.csv")
```

格式：输出 CSV 文件（删除索引）

```
df.to_csv("<文件名>.csv", index=False)
```

格式：输出 CSV 文件（删除索引和表头）

```
df.to_csv("<文件名>.csv", index=False, header=False)
```

我们将 test.csv 的数据按语文成绩从高到低排序，将结果输出到新的 CSV 文件。

chap3/chap3-11.py

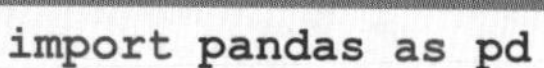

```
import pandas as pd

# 读取 CSV 文件
df = pd.read_csv("test.csv")

# 排序（语文成绩从高到低）
yuwen = df.sort_values("语文",ascending=False)

# 输出 CSV 文件
yuwen.to_csv("export1.csv")
```

输出结果 （export1.csv）

```
,姓名,语文,数学,英语,科学,社会
2,C婷,100,84,96,82,94
5,F静,96,92,94,92,90
4,E美,92,62,84,80,78
0,A洋,83,89,76,97,76
1,B刚,66,93,75,88,76
3,D浩,60,73,63,52,70
```

输出的 CSV 文件默认为 UTF-8 编码。中文版 Excel 默认按照 GBK 编码读取，因此直接用 Excel 打开会造成乱码。这时可以用文本编辑器打开。

同理，将 test.csv 的数据按照语文成绩从高到低排序，删除索引，输出到新的 CSV 文件。

chap3/chap3-12.py

```
import pandas as pd

# 读取 CSV 文件
df = pd.read_csv("test.csv")

# 排序（语文成绩从高到低）
yuwen = df.sort_values("语文",ascending=False)

# 输出 CSV 文件（删除索引）
yuwen.to_csv("export2.csv", index=False)
```

输出结果 （export2.csv）

```
姓名,语文,数学,英语,科学,社会
C婷,100,84,96,82,94
F静,96,92,94,92,90
E美,92,62,84,80,78
```

```
A洋,83,89,76,97,76
B刚,66,93,75,88,76
D浩,60,73,63,52,70
```

下面，仍然将 test.csv 按语文成绩从高到低排序，删除索引和表头，输出到新的 CSV 文件。

chap3/chap3-13.py

```
import pandas as pd

# 读取CSV文件
df = pd.read_csv("test.csv")

# 排序（语文成绩从高到低）
yuwen = df.sort_values("语文",ascending=False)

# 输出CSV文件（删除索引和表头）
yuwen.to_csv("export3.csv", index=False, header=False)
```

输出结果　（export3.csv）

```
C婷,100,84,96,82,94
F静,96,92,94,92,90
E美,92,62,84,80,78
A洋,83,89,76,97,76
B刚,66,93,75,88,76
D浩,60,73,63,52,70
```

这样，我们掌握了从读取 CSV 文件，到编辑和计算，再到保存为 CSV 文件的整个过程。

※ 保存的 CSV 文件为 UTF-8 编码，直接用 Excel 打开时，中文会出现乱码。为避免这种情况，需要新建一个 Excel 文件再读取 CSV 文件。在较新版本 Office（Office 2019 或 Office 365 等）的 Excel 软件中，点击 Excel 的“数据”标签，在工具栏中点击“获取和转换数据”分组中的“从文本/CSV”。在弹出的“导入数据”对话框中指定 CSV 文件，点击“导入”。在接下来指定导入方法的对话框中，确认“文件原始格式”为“65001:Unicode(UTF-8)”，然后点击“加载”。

第 10 课

制作图表

我们来学习用读取的表格数据制作图表。

我以为熊猫很可爱呢，结果都是数字……

那接下来我们将表格数据制作成图表吧。

图表一定很容易理解。

制作图表需要用到 matplotlib 库。我们在“Python 一级”中也用过。

什么！有这个库吗？

我们现在来详细讲解这个库。组合使用 pandas 的 plot 功能和 matplotlib 就可以轻松绘制图表了。

又用到熊猫了呢！

安装 matplotlib

matplotlib 是能绘制各种图表的外部库。参考第 3 课的“外部库的安装方法”，安装步骤如下。

在 Windows 系统中使用命令提示符安装

```
pip install matplotlib
```

在 macOS 系统中使用终端安装

```
pip3 install matplotlib
```

绘制图表

绘制图表时，先导入 matplotlib 库。指定 **import matplotlib.pyplot as plt** 来使用模块的缩写 **plt**。

在绘制图表之前还有一步准备工作，就是为图表设置合适的中文字体，否则在图表中不能正确显示中文。Windows 和 macOS 下有不同的中文字体，设置也略有不同。

格式：在 Windows 中为图表设置默认的中文字体（微软雅黑）

```
plt.rcParams['font.family']=['Microsoft YaHei', 'sans-serif']
```

格式：在 macOS 中为图表设置默认的中文字体（苹方或冬青黑体）

```
plt.rcParams['font.family']=['PingFang SC', 'Hiragino Sans GB',
    'sans-serif']
```

通过 pandas 读取的表格数据，可以用 pandas 的 **plot** 函数绘制图表（实际上，它从内部调用了 matplotlib 的功能，通过这种形式可以实现轻松的联动）。

向 pandas 读取的表格数据 DataFrame 添加 **.plot()**，也就是 **df.plot()** 就能绘制图表（折线图）。然后，用 **plt.show()** 函数显示绘制好的图表。

格式：绘制折线图

```
df.plot()
```

格式：显示绘制好的图表

```
plt.show()
```

接下来我们读取 test.csv 文件，把数据绘制成图表（折线图）并显示。

chap3/chap3-14.py

```
import pandas as pd
import matplotlib.pyplot as plt

# 为图表设置默认的中文字体
plt.rcParams['font.family']=['Microsoft YaHei', 'sans-serif']

# 读取 CSV 文件
df = pd.read_csv("test.csv")

# 绘制并显示图表
df.plot()
plt.show()
```

输出结果

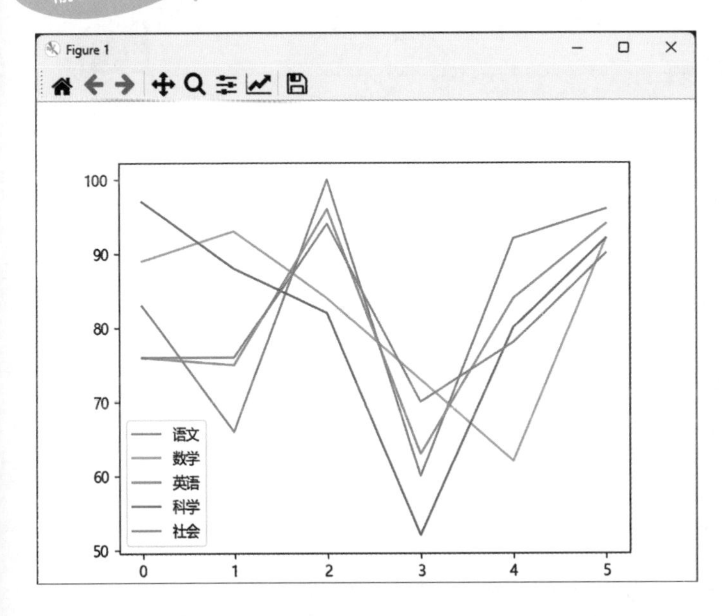

可以看到，只需简单几步，就能将表格数据文件绘制为图表。

绘制图表时，一般会关注三个事项：图表的类型，图表下方和左侧刻度上的数字，左下角方框里的内容。

绘制各种类型的图表

首先关注的事项是图表的类型（折线图）。

图表的种类很多，要根据不同目的区别使用。

区别使用？

比如，观察变化时使用折线图，比较数值大小时使用柱状图，观察数据占整体的比例时使用饼图，等等。根据想要传递的信息来区别使用这些图表是很重要的。

嘿嘿，我是按自己的喜好来选的，这样是不行的呢。

test.csv 文件的数据用来比较各个学生的成绩，所以应该使用柱状图。绘制柱状图的方法是 **df.plot.bar()**，我们来试一下。

格式：绘制柱状图

```
df.plot.bar()
```

目　的	图表的种类
观察数据的变化	折线图
比较数值的大小	柱状图
分析数值变化的原因	堆叠柱状图
观察数据占整体的比例	饼　图
观察数据的分散程度	箱线图
强调变化的大小	面积图

第二个关注的事项是左侧和下方刻度上的数字。

左侧的刻度是“分数”，范围为 50 ~ 100。下方的刻度是 0 ~ 5，似乎表示“索引值”。但是这样看不出是谁的成绩。于是，我们需要将姓名作为索引。读取 CSV 文件时，指定 **index_col=0**，可以将第 1 列（“姓名”列）作为索引来读取数据。

第三个关注的事项是左下角的方框。

这个方框叫做“图例”（legend），说明不同颜色表示的含义。绘制图表时会自动选择图例显示的位置，我们也可以手动指定图例的位置。例如，想要让图例显示在右下角时，可以指定 **plt.legend(loc="lower right")**。

最后，当图表绘制完毕时，使用 **plt.show()** 显示图表。

机会难得，让我们尝试一下绘制各种图表，看一看数据有什么变化。

图表的种类	用 法
柱状图	df.plot.bar()
水平柱状图（条形图）	df.plot.barh()
堆叠柱状图	df.plot.bar(stacked=True)
箱线图	df.plot.box()
面积图	df.plot.area()

chap3/chap3-15.py

```
import pandas as pd
import matplotlib.pyplot as plt

# 为图表设置默认的中文字体
plt.rcParams['font.family'] = ['Microsoft YaHei', 'sans-serif']

# 读取CSV文件（将姓名列作为索引）
df = pd.read_csv("test.csv", index_col=0)

# 绘制并显示柱状图
df.plot.bar()
plt.legend(loc="lower right")
plt.show()

# 绘制并显示水平柱状图（条形图）
df.plot.barh()
plt.legend(loc="lower left")
plt.show()
```

```
# 绘制并显示堆叠柱状图
df.plot.bar(stacked=True)
plt.legend(loc="lower right")
plt.show()

# 绘制并显示箱线图
df.plot.box()
plt.show()

# 绘制并显示面积图
df.plot.area()
plt.legend(loc="lower right")
plt.show()
```

输出结果

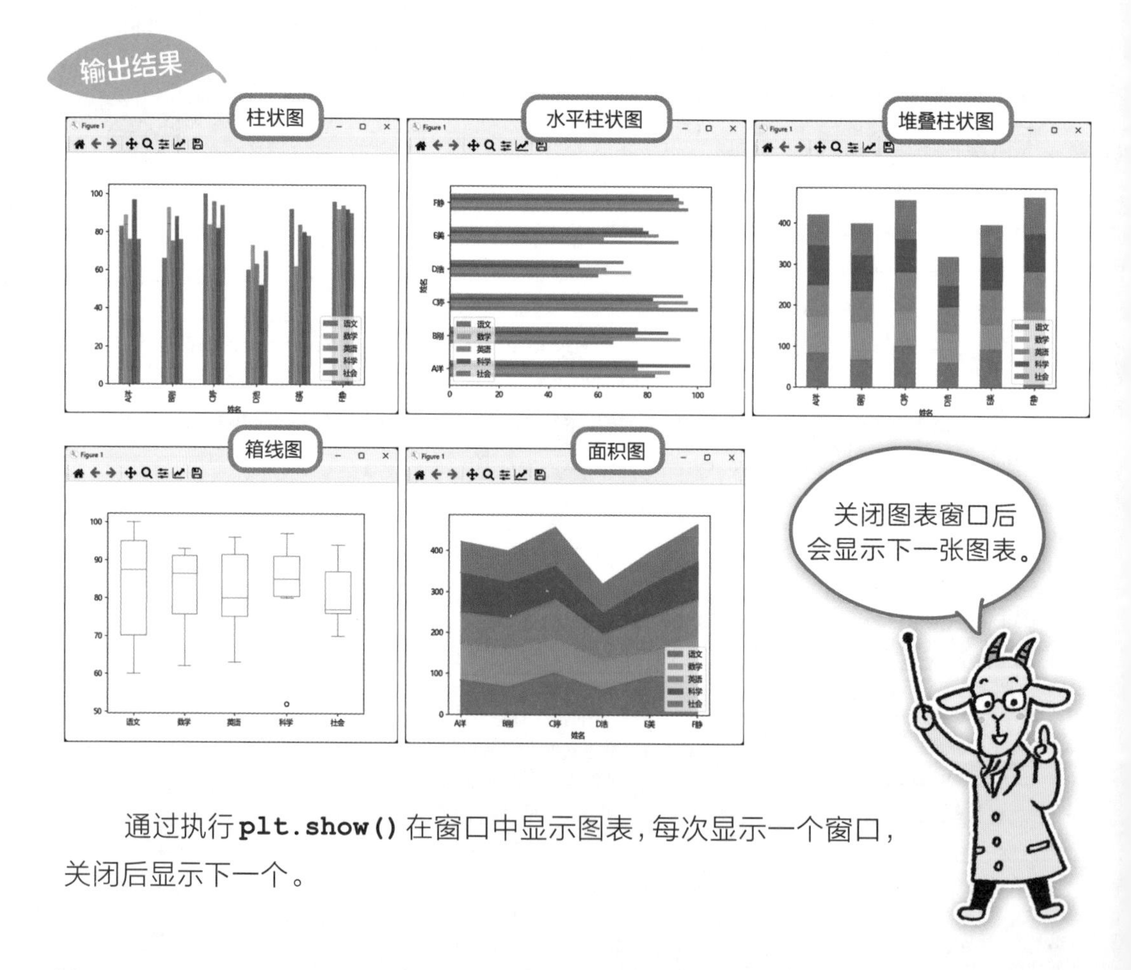

通过执行 **plt.show()** 在窗口中显示图表，每次显示一个窗口，关闭后显示下一个。

为单一数据绘制图表

之前的内容中，我们用图表来绘制读取的所有数据，那怎样绘制某个科目的图表或者某一个人的图表呢?

我们已经知道，指定“**df["<列名>"]**”可以获取一列数据，指定“**df.loc[<行号>]**”可以获取一行数据。将获取的数据赋给新的 DataFrame，就可以用它们绘制单独的图表。接下来我们尝试绘制语文成绩的柱状图、语文和数学成绩的柱状图、“C 婷”同学成绩的水平柱状图。此外，一行或一列数据也可以绘制为饼图。绘制饼图的方法是 **df.plot.pie()**。

第10课

格式：绘制饼图（一行或一列数据）

```
DataFrame.plot.pie(labeldistance=<标签到中心的距离>)
```

chap3/chap3-16.py

```
import pandas as pd
import matplotlib.pyplot as plt

# 为图表设置默认的中文字体
plt.rcParams['font.family'] = ['Microsoft YaHei', 'sans-serif']

# 读取 CSV 文件（将姓名列作为索引）
df = pd.read_csv("test.csv", index_col=0)

# 绘制并显示语文成绩的水平柱状图
df["语文"].plot.barh()
plt.legend(loc="lower left")
plt.show()

# 绘制并显示语文和数学成绩的水平柱状图
df[["语文","数学"]].plot.barh()
plt.legend(loc="lower left")
plt.show()
```

```
# 绘制并显示 C 婷成绩的水平柱状图
df.loc["C 婷 "].plot.barh()
plt.legend(loc="lower left")
plt.show()

# 绘制并显示 C 婷成绩的饼图
df.loc["C 婷 "].plot.pie(labeldistance=0.6)
plt.legend(loc="lower left")
plt.show()
```

输出结果

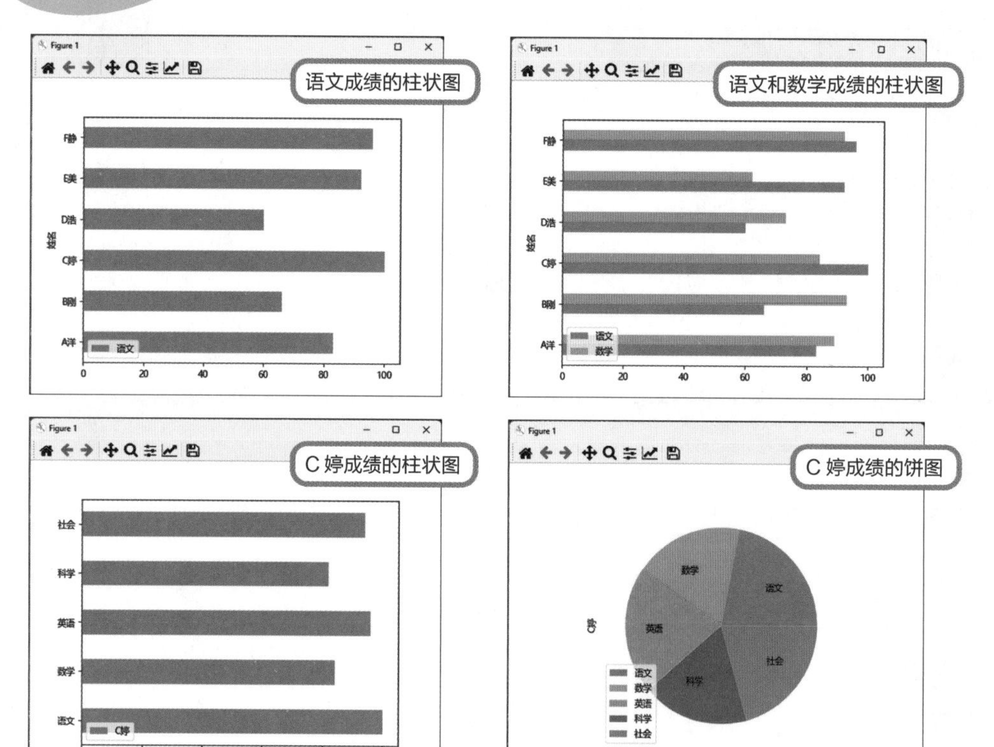

在这份表格数据中，每一行数据是一个学生的成绩，所以绘制成以学生为标签的柱状图。那么如何绘制以科目为标签的柱状图呢?

观察数据不难发现，只要把行和列互换就能做到。对 DataFrame 添加 **.T** 即可互换行列。

chap3/chap3-17.py

```
import pandas as pd
import matplotlib.pyplot as plt

# 为图表设置默认的中文字体
plt.rcParams['font.family'] = ['Microsoft YaHei', 'sans-serif']

# 读取 CSV 文件（将姓名列作为索引）
df = pd.read_csv("test.csv", index_col=0)

# 绘制并显示柱状图
df.T.plot.bar()
plt.legend(loc="lower right")
plt.show()
```


输出结果

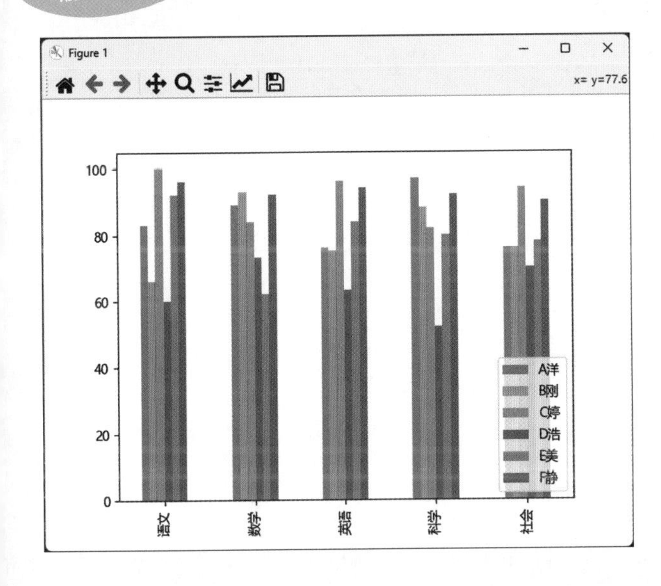

下方刻度的标签变成了科目，而图例中的标签变成了姓名。

图表的颜色是自动生成的。我们也可以指定喜欢的颜色。首先准备颜色名称的列表，然后使用“**df.plot.bar(color=<颜色名列表>)**”指定。

chap3/chap3-18.py

```
import pandas as pd
import matplotlib.pyplot as plt

# 为图表设置默认的中文字体
plt.rcParams['font.family'] = ['Microsoft YaHei', 'sans-serif']

# 读取 CSV 文件（将姓名列作为索引）
df = pd.read_csv("test.csv", index_col=0)

# 绘制并显示柱状图
colorlist = ["skyblue","steelblue","tomato","cadetblue","orange",
             "sienna"]
df.T.plot.bar(color = colorlist)
plt.legend(loc="lower right")
plt.show()
```

输出结果

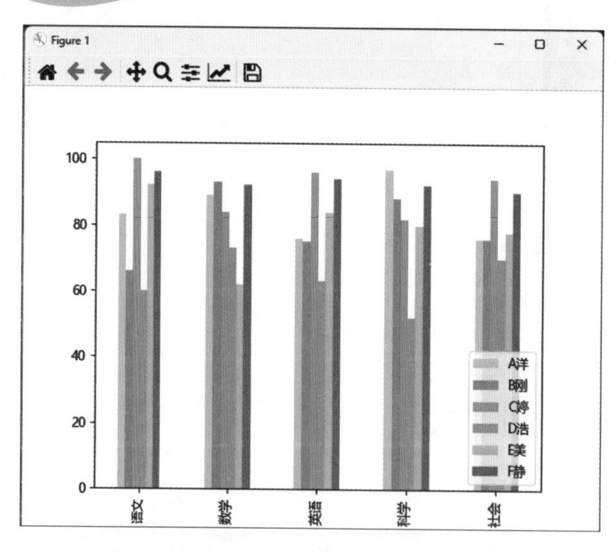

这样，图表的颜色就变得更好看了。

将柱状图保存为图像文件

绘制的柱状图不仅可以显示在窗口中，还可以保存为图像文件。

只要将 **plt.show()** 替换为“**plt.savefig("< 文件名 >.png")**”，就可以将图表保存为图像文件。

格式：将绘制的图表保存为图像文件

```
plt.savefig("< 文件名 >.png")
```

我们将绘制的图表保存为图像文件 bargraph.png。

chap3/chap3-19.py

```
import pandas as pd
import matplotlib.pyplot as plt

# 为图表设置默认的中文字体
plt.rcParams['font.family'] = ['Microsoft YaHei', 'sans-serif']

# 读取 CSV 文件（将姓名列作为索引）
df = pd.read_csv("test.csv", index_col=0)

# 制作柱状图并输出图像文件
colorlist = ["skyblue","steelblue","tomato","cadetblue","orange",
             "sienna"]
df.T.plot.bar(color = colorlist)
plt.legend(loc="lower right")
plt.savefig("bargraph.png") ········ 将图表输出为图像文件
```


输出结果 bargraph.png

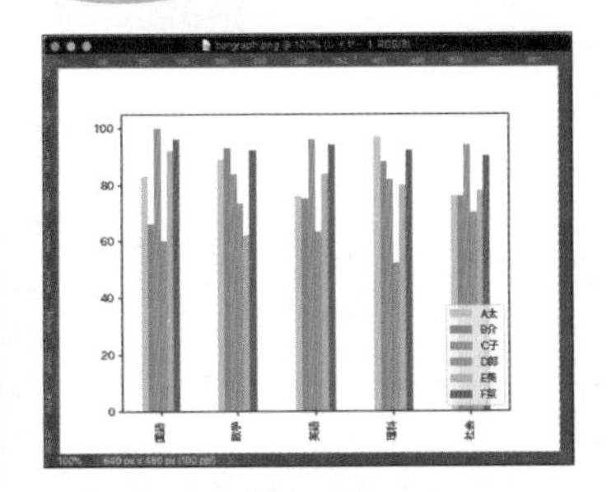

成功输出图像文件。matplotlib 就是这样一种能够轻松显示和保存图表的实用库。

读写 Excel 文件

学习读写 Excel 文件中的数据。

我们已经学会 CSV 文件的读写、编辑、统计和图表的绘制了。

学会了好多知识呢。

表格数据经常用 Excel 编辑，我们也学习一下 Excel 文件的读写吧。

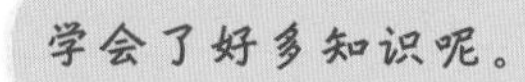

直接读写 Excel 文件，好厉害呀。

安装 openpyxl

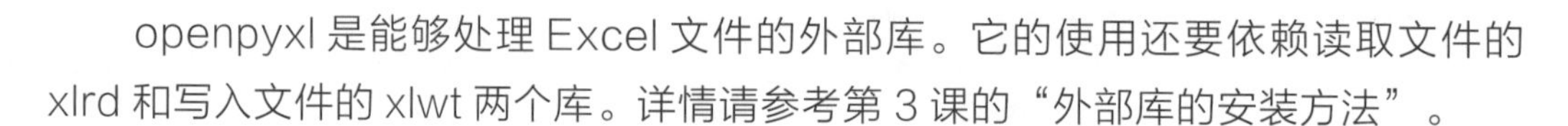

openpyxl 是能够处理 Excel 文件的外部库。它的使用还要依赖读取文件的 xlrd 和写入文件的 xlwt 两个库。详情请参考第 3 课的“外部库的安装方法”。

◯在 Windows 系统中使用命令提示符安装

```
pip install openpyxl xlrd xlwt
```

◯在 macOS 系统中使用终端安装

```
pip3 install openpyxl xlrd xlwt
```

输出 Excel 文件

可以将 DataFrame 直接输出为 Excel 文件。

先用 **import openpyxl** 导入 openpyxl 库。虽然我们的代码不直接使用这个库，但是 pandas 需要。

输出 Excel 文件的写法为“**df.to_excel("<文件名>.xlsx")**”。如果需要删除索引再输出，则写作“**df.to_excel("<文件名>.xlsx", index=False")**”。

格式：输出 Excel 文件

```
df.to_excel("<文件名>.xlsx")
```

格式：输出 Excel 文件（删除索引）

```
df.to_excel("<文件名>.xlsx", index=False)
```

格式：输出 Excel 文件（指定工作表名称）

```
df.to_excel("<文件名>.xlsx", sheet_name="<工作表名>")
```

接着读取 test.csv，按照语文成绩从高到低排序，输出为 Excel 文件（csv_to_excel1.xlsx）。

chap3/chap3-20.py

```
import pandas as pd
import openpyxl

# 读取 CSV 文件
df = pd.read_csv("test.csv")

# 排序（语文成绩从高到低）
yuwen = df.sort_values("语文",ascending=False)

# 输出 Excel 文件
yuwen.to_excel("csv_to_excel1.xlsx")
```

第11课

输出结果 csv_to_excel1.xlsx

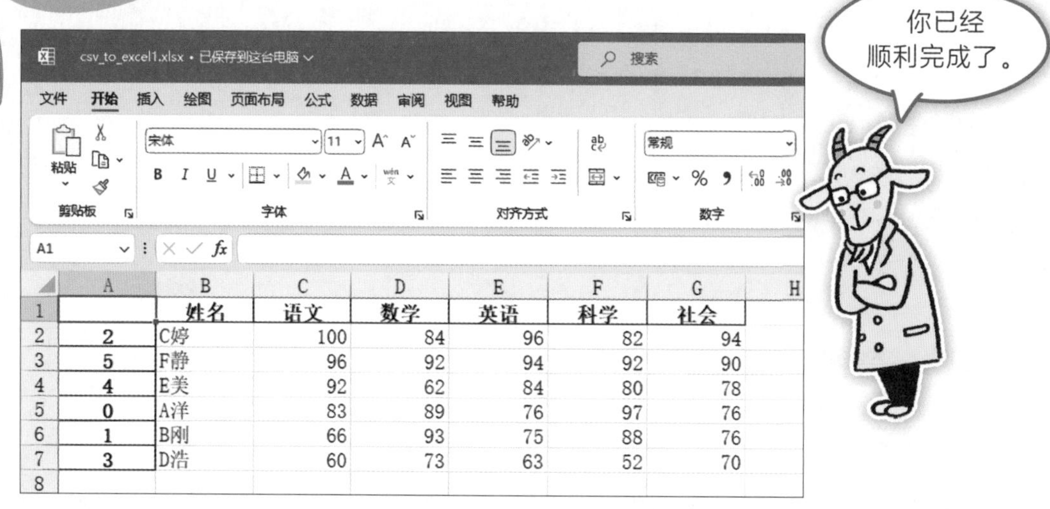

	A	B	C	D	E	F	G	H
1		姓名	语文	数学	英语	科学	社会	
2	2	C婷	100	84	96	82	94	
3	5	F静	96	92	94	92	90	
4	4	E美	92	62	84	80	78	
5	0	A洋	83	89	76	97	76	
6	1	B刚	66	93	75	88	76	
7	3	D浩	60	73	63	52	70	
8								

输出文件的第 1 列是索引。我们接下来删除索引，输出为 Excel 文件（csv_to_excel2.xlsx）。

chap3/chap3-21.py

```
import pandas as pd
import openpyxl

# 读取 CSV 文件
df = pd.read_csv("test.csv")

# 排序（语文成绩从高到低）
yuwen = df.sort_values(" 语文 ",ascending=False)

# 输出 Excel 文件
yuwen.to_excel("csv_to_excel2.xlsx", index=False,
               sheet_name=" 语文排序 ")
```

输出结果 csv_to_excel2.xlsx

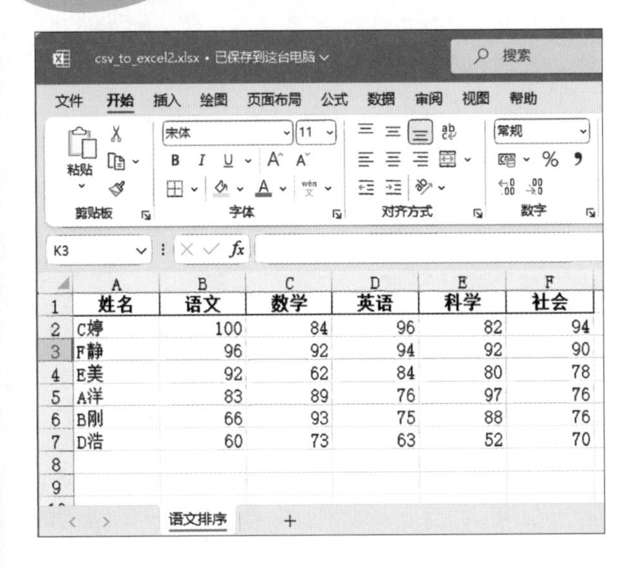

	A	B	C	D	E	F
1	姓名	语文	数学	英语	科学	社会
2	C婷	100	84	96	82	94
3	F静	96	92	94	92	90
4	E美	92	62	84	80	78
5	A洋	83	89	76	97	76
6	B刚	66	93	75	88	76
7	D浩	60	73	63	52	70
8						
9						

现在生成了预期的 Excel 文件。

进一步，Excel 可以将若干个工作表放在同一个文档中。openpyxl 也能将多个工作表输出为一个 Excel 文件。

格式：将多个工作表输出为一个 Excel 文件

```
with pd.ExcelWriter('<文件名>.xlsx') as writer:
    df1.to_excel(writer, sheet_name="<工作表名 1>")
    df2.to_excel(writer, sheet_name="<工作表名 2>")
```

读取 test.csv，将原始数据和语文成绩排序的数据作为两个工作表，输出为一个 Excel 文件（csv_to_excel3.xlsx）。

chap3/chap3-22.py

```
import pandas as pd
import openpyxl

# 读取 CSV 文件
df = pd.read_csv("test.csv")

# 排序（语文成绩从高到低）
yuwen = df.sort_values(" 语文 ",ascending=False)

# 将多个工作表输出为一个 Excel 文件
with pd.ExcelWriter("csv_to_excel3.xlsx") as writer:
    df.to_excel(writer, index=False, sheet_name=" 原数据 ")
    yuwen.to_excel(writer, index=False, sheet_name=" 语文排序 ")
```

输出结果　csv_to_excel3.xlsx

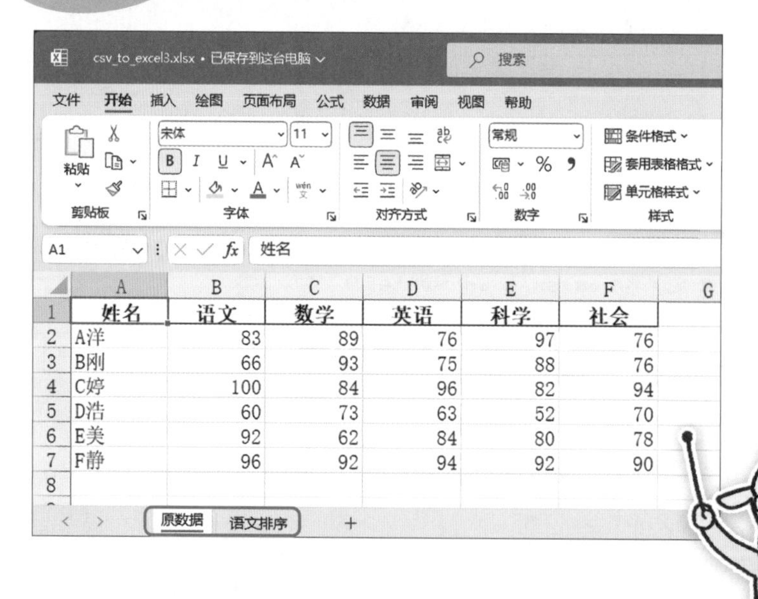

姓名	语文	数学	英语	科学	社会
A洋	83	89	76	97	76
B刚	66	93	75	88	76
C婷	100	84	96	82	94
D浩	60	73	63	52	70
E美	92	62	84	80	78
F静	96	92	94	92	90

只要切换工作表就可以确认了，很方便！

可以看出文件由两个工作表组成。

读取 Excel 文件

我们反过来将 Excel 文件作为表格数据读取。读取 Excel 文件的方法为“**pd.read_excel("<文件名>.xlsx")**”。

格式：读取 Excel 文件

```
df = pd.read_excel("<文件名>.xlsx")
```

读取刚才输出的 Excel 文件（csv_to_excel2.xlsx）并显示内容。

chap3/chap3-23.py

```
import pandas as pd
import openpyxl

# 读取 Excel 文件
df = pd.read_excel("csv_to_excel2.xlsx")
print(df)
```

输出结果

	姓名	语文	数学	英语	科学	社会
0	C婷	100	84	96	82	94
1	F静	96	92	94	92	90
2	E美	92	62	84	80	78
3	A洋	83	89	76	97	76
4	B刚	66	93	75	88	76
5	D浩	60	73	63	52	70

“**pd.read_excel("<文件名>.xlsx")**”的写法适合读取只有一个工作表的 Excel 文件，当文件有多个工作表时会读取第 1 个。当一个文件包含多个工作表时，我们通过指定 **sheet_name** 来读取指定的工作表。

格式：读取 Excel 文件（多个工作表）

```
df = pd.read_excel("<文件名>.xlsx", sheet_name="<工作表名>")
```

我们来读取 Excel 文件（csv_to_excel3.xlsx）的两个工作表并输出。

chap3/chap3-24.py

```
import pandas as pd
import openpyxl

# 读取 Excel 文件
df = pd.read_excel("csv_to_excel3.xlsx")
print(df)
df = pd.read_excel("csv_to_excel3.xlsx", sheet_name="语文排序")
print(df)
```

输出结果

```
   姓名  语文  数学  英语  科学  社会
0  A洋   83   89   76   97   76
1  B刚   66   93   75   88   76
2  C婷  100   84   96   82   94
3  D浩   60   73   63   52   70
4  E美   92   62   84   80   78
5  F静   96   92   94   92   90
   姓名  语文  数学  英语  科学  社会
0  C婷  100   84   96   82   94
1  F静   96   92   94   92   90
2  E美   92   62   84   80   78
3  A洋   83   89   76   97   76
4  B刚   66   93   75   88   76
5  D浩   60   73   63   52   70
```

太棒啦！现在 Excel 文件既能读又能写啦。

第4章

分析开放数据

※“四叶街”是本书虚构的一个地名。

引 言

什么是开放数据？

医院统计数据

人口普查数据

蔬菜价格数据

第12课

什么是开放数据？

我们来学习如何从网上下载数据并加以分析。一起试试开放数据吧。

学了这么多知识，现在特别想查看一些真实数据。网上有没有好用的数据呢？

了解一下开放数据吧，很好用的。

“开放”数据？

很多政府机关和企业会在网上公开发布各种有用的数据，大家可以自由使用。

还有这种好事啊，好厉害！

开放数据是一座宝库

开放数据指的是政府、事业单位、企业、教育机构等公开的，供人们任意使用的数据。这些数据基本上不存在版权和许可等的限制，在一定条件下甚至允许自由编辑并二次发布。这些数据的格式是多种多样的，包括 CSV、XML、Excel、PDF 等。我们一起来看看数据的内容和格式吧。

以下列举国内外部分提供开放数据的网站。

网　站	地　址
国家统计局数据库	https://data.stats.gov.cn/
国家气象科学数据中心	https://data.cma.cn/
北京市公共数据开放平台	https://data.beijing.gov.cn/
上海市公共数据开放平台	https://data.sh.gov.cn/
世界银行公开数据	https://data.worldbank.org.cn/

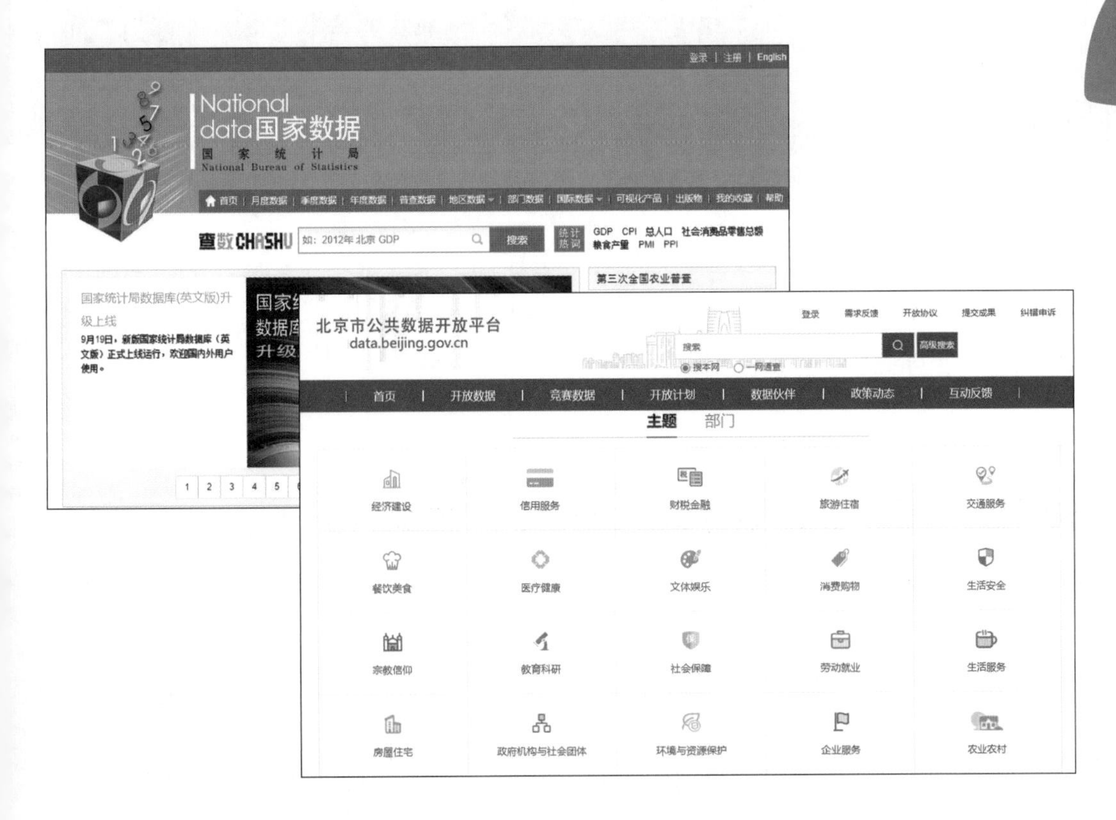

第13课 医院统计数据

我们以医院统计数据为例，综合运用我们之前学到的读取 csv 文件、处理和绘图方面的知识。

医院是关系到人们健康的重要场所。人们就医时会综合考虑医院等级、位置和科室等因素。

是的！小医院比较方便，但是有一些麻烦的疾病还得去大医院。

那么，我们来挑战一份医院的统计数据。

北京市公共数据开放平台汇总了由北京市政府下属各个机构发布的开放数据，分为若干个主题，为了寻找医院的统计数据，我们 ❶ 在“开放数据”页面下，❷ 点击“医疗健康”主题的链接。

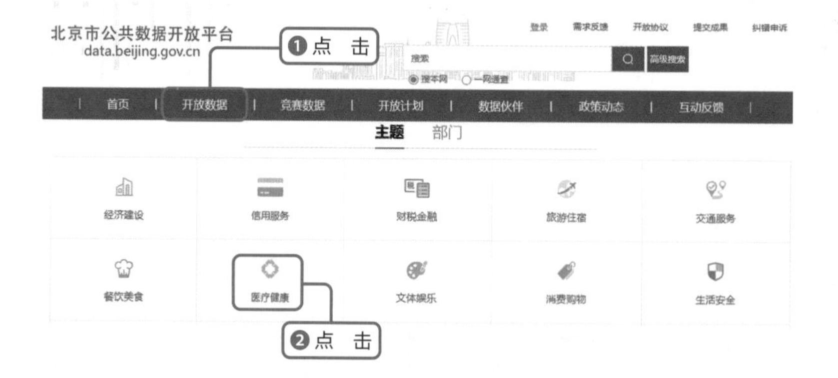

“医疗健康”主题下有超过 500 份数据，默认按发布时间排序。我们 ❶ 点击“按下载量”排名，会看到“医院”数据的下载量最多，超过 1000 次。数据的简介告诉我们“该数据是北京市卫生健康委员会提供的医院信息”。

❷ 点击“医院”数据的链接，页面显示“数据发布为 xls 和 csv 两种格式”。我们 ❸ 点击 csv 格式旁的“下载”按钮。此时网站可能要求我们登录或注册，按照提示完成步骤即可下载数据文件。读者还可以通过本书提供的下载链接获取数据文件。

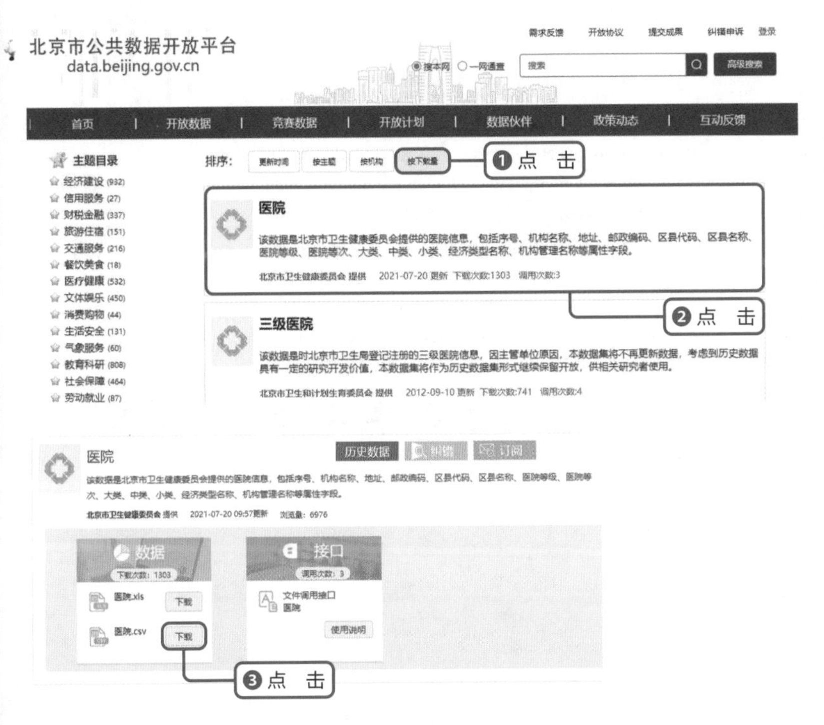

下载的文件名可能是“医院 .csv”，为了 Python 使用方便，建议把文件名改为“hospitals.csv”。

数据文件的文件名

计算机文件的文件名编码和操作系统有关，特别是有汉字和空格的情形，在 Python 代码以及终端中处理时会遇到一些棘手的问题。数据文件最好以英文单词或拼音命名，或者是英文单词 / 拼音加数字的形式，并且最好不要在文件名里留空格。可以用减号（ - ）或下划线（ _ ）代替空格。

下载的文件还不知道使用了哪种编码方式，我们通过文本编辑器或其他方式确认文本的编码方式。比如，用 Windows 记事本打开数据文件，显示为 ANSI 编码，这在中文 Windows 系统中代表 GBK 编码。

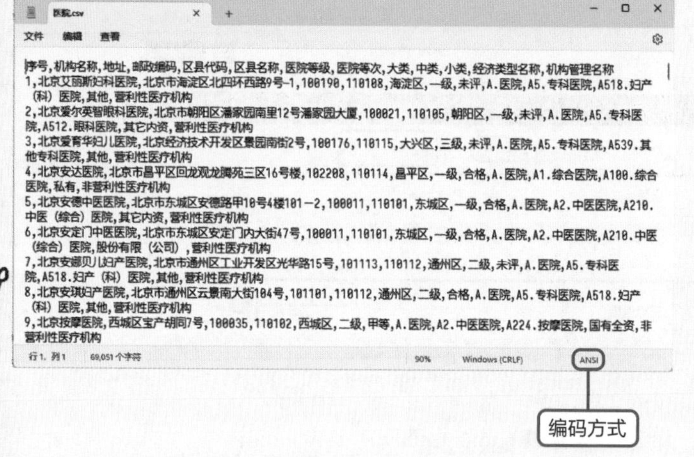

读取 CSV 文件

我们发现这份数据包含表头，同时第 1 栏“序号”从 1 开始顺次排列，可用作索引。所以，读取 csv 文件时设置 **index_col=0**。

另外，这份数据包含邮政编码等数字，pandas 读取时可能会当作数值来处理，这显然是不需要的。设置 **dtype=str** 可以让所有数据都以字符串的形式读取。

我们首先尝试用 pandas 读取 csv 文件，并且显示数据的条数和表头的栏目名称。

chap4/chap4-1.py

```
import pandas as pd

# 将 csv 文件读取为数据框
df = pd.read_csv("hospitals.csv", encoding="gbk",
                 index_col=0, dtype=str)
print(len(df))
print(df.columns.values)
```

输出结果

```
724
['机构名称' '地址' '邮政编码' '区县代码' '区县名称' '医院等级' '医院等次'
 '大类' '中类' '小类' '经济类型名称' '机构管理名称']
```

提取特定数据

接下来我们查找特定的医院数据，比如已知“北京大学口腔医院”，想要查找它的地址和医院等级等信息。

chap4/chap4-2.py

```
import pandas as pd

# 将 csv 文件读取为数据框
df = pd.read_csv("hospitals.csv", encoding="gbk", index_col=0,
                 dtype=str)

# 查找特定医疗机构，输出相关信息
hospital = df[df["机构名称"] == "北京大学口腔医院"]
print(hospital[["机构名称", "地址", "医院等级", "医院等次"]])
```

输出结果

序号	机构名称	地址	医院等级	医院等次
78	北京大学口腔医院	北京市海淀区中关村南大街 22 号	三级	甲等

这是一家三级甲等口腔医院！我也知道它在哪里了，以后牙齿如果有问题可以去看看。

我们还可以更进一步，查看所有的“口腔医院”。这里要注意，当指定“**df[df["<列>"] == "<字符串>"]**”时，只能提取出与字符串一致的数据。“口腔医院”是医院名称的一部分，指定“**df[df["<列>"].str.contains("<字符串>")]**”，就可以提取出字符串包含指定部分的数据了。

格式：提取部分字符串一致的数据

```
df[df["<列>"].str.contains("<字符串>")]
```

chap4/chap4-3.py

```
import pandas as pd

# 将 csv 文件读取为数据框
df = pd.read_csv("hospitals.csv", encoding="gbk", index_col=0,
                 dtype=str)

# 查找特定医疗机构，输出相关信息
hospital = df[df["机构名称"].str.contains("口腔医院")]
print(f"口腔医院总计有{len(hospital)}家。")
print(hospital[["机构名称", "地址"]])
```

输出结果

```
口腔医院总计有 27 家
序号  机构名称              地址
17    北京拜博拜尔口腔医院  北京市东城区祈年大街 18 号院 4 号楼，5 号楼 1 至 2 层
73    北京大兴兴业口腔医院  北京市大兴区枣园北里 10 号
78    北京大学口腔医院      北京市海淀区中关村南大街 22 号
87    北京德泽口腔医院      北京市通州区通胡大街 15 号院 7 号楼
100   北京东区口腔医院      朝阳区广渠路 33 号石韵浩庭 B 座 101、102 二层 201-204
（以下省略）
```

这样就提取出了数据为我们提供的所有名称包含“口腔医院”的医院信息。

第13课

第14课

人口普查数据

以人口普查数据为例，读取政府的开放数据，并显示为图表。

来看看政府公开的统计数据吧，比如人口普查的数据。

什么！这些数据能给我看吗？

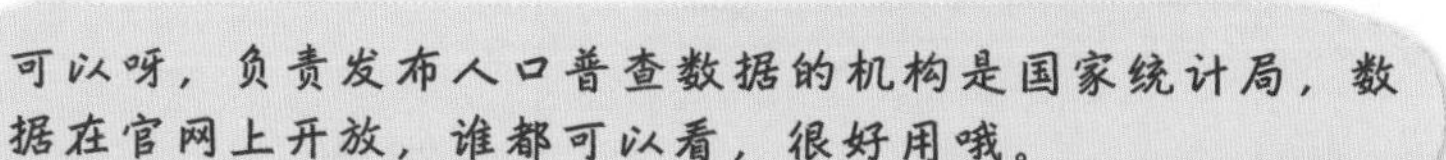

可以呀，负责发布人口普查数据的机构是国家统计局，数据在官网上开放，谁都可以看，很好用哦。

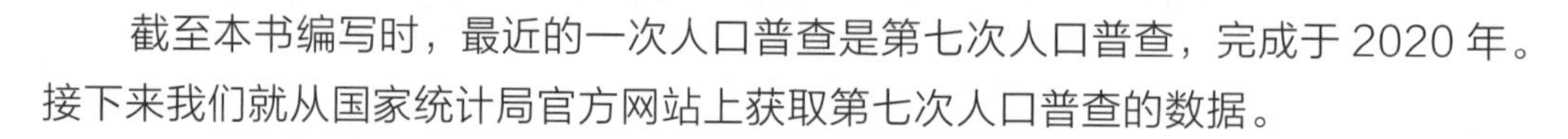

截至本书编写时，最近的一次人口普查是第七次人口普查，完成于 2020 年。接下来我们就从国家统计局官方网站上获取第七次人口普查的数据。

国家统计局数据网站：

https://www.stats.gov.cn/sj/

在网站底部的“数据查询”栏目中，❶点击“普查数据”。

国家统计局普查数据网站：

https://www.stats.gov.cn/sj/pcsj/

在普查数据网站中，❶ 点击“第七次人口普查数据”。

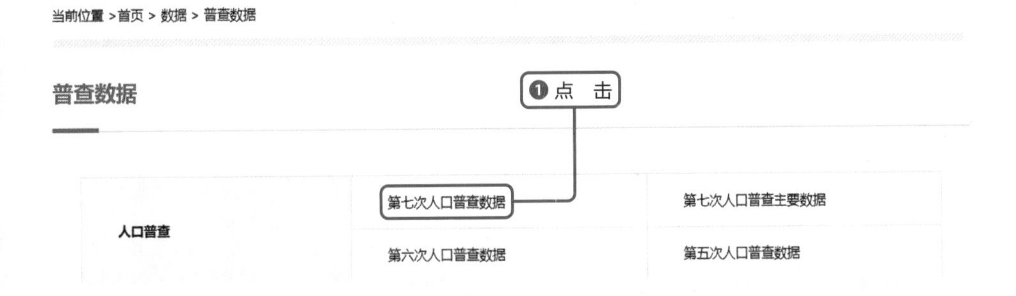

弹出页面的标题为“中国人口普查年鉴 -2020”，数据以网页图片和 Excel 文件两种格式发布，我们首先需要 ❶ 点击左上角的“Excel”按钮切换为 Excel 文件格式，再 ❷ 点击“目录展开”按钮获取具体的数据文件的目录。

中国人口普查年鉴（2020 年）数据下载地址（Excel）：

https://www.stats.gov.cn/sj/pcsj/rkpc/7rp/zk/indexce.htm

在页面左侧，数据文件的目录包含许多项目。我们本次用到的项目为“1-1 各地区户数、人口数和性别比”，❶ 点击该项目下载文件。

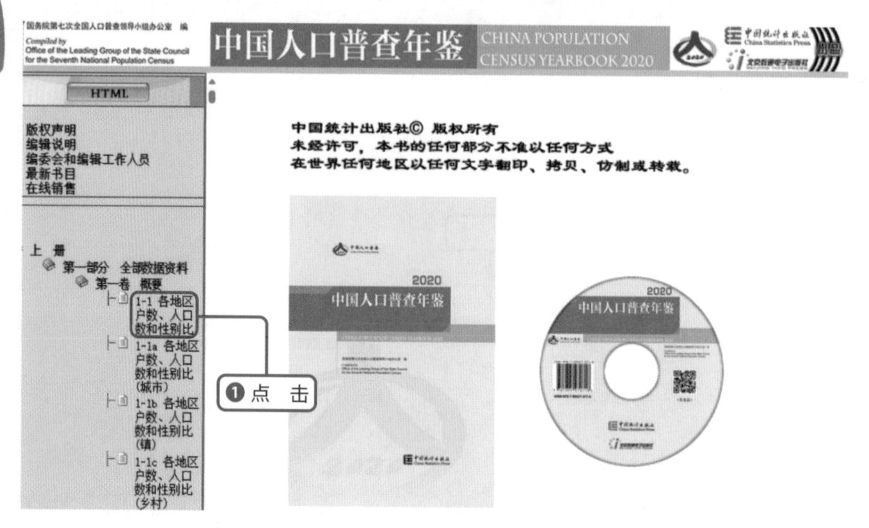

读取 Excel 文件

首先需要检查下载的文件。用 Excel 打开文件后，发现它的格式特别是表头比较复杂，不利于 pandas 读取数据。我们需要将其编辑成方便读取的 Excel 文件。选取“地区”和“人口数”下的“合计”“男”“女”，共四个栏目，复制到新的 Excel 文件中。另外，“地区”一栏的数据中有很多空格，不太方便使用，最好删除这些空格。保存新的文件，文件名设为“population.xlsx”。

考虑到读者下载数据可能有困难，我们也在随本书发布的代码文件夹中包含了数据文件 population.xlsx。

现在我们可以用 pandas 读取新的文件了。可以用“地区”一栏作为索引。

chap4/chap4-4.py

```
import pandas as pd

# 读取 Excel 数据生成数据框
df = pd.read_excel("population.xlsx", index_col="地区")
```

```
print(len(df))
print(df.columns.values)
```

输出结果

```
32
['总人口' '男性' '女性']
```

输出的数据条目一共有 32 条，包含了中国（不含港澳台）总人口数据和 31 个省（自治区、直辖市）各自的人口数据。

将数据绘制为图表

接下来，我们用“总人口”一栏的数据绘制图表。为了确认数据的正确性，首先显示“**df["总人口"]**”的内容，然后用“**df["总人口"].plot.bar()**”绘制柱状图。绘图之前不要忘了设置中文字体（以下代码适用于 Windows 系统，macOS 系统的设置方法参考第 10 课）。

chap4/chap4-5.py

```
import pandas as pd
import matplotlib.pyplot as plt

# 为图表设置默认的中文字体
plt.rcParams["font.family"] = ["Microsoft YaHei", "sans-serif"]

# 读取 Excel 数据生成数据框
df = pd.read_excel("population.xlsx", index_col="地区")

# 输出总人口数据
print(df["总人口"])

# 用总人口数据绘制柱状图
df["总人口"].plot.bar()
plt.show()
```

输出结果

```
地 区
全 国     1409778724
北 京       21893095
天 津       13866009
河 北       74610235
（以下省略）
Name: 总人口 , dtype: int64
```

我们成功地验证了数据并绘制成了图表。但是现在图表有两个问题：第一，图表的尺寸偏小，横轴的标签文字如“内蒙古”“黑龙江”等超出了图表的范围；第二，“全国”的数据太突出，等于其他数据的总和，导致其他数据看不清。

第一个问题的解决方法是为图表指定合适的尺寸，用法是“**df.plot.bar(figsize=(<宽度>,<高度>))**”，其中宽度和高度的单位是英寸。

格式：指定显示的图表尺寸

```
df.plot.bar(figsize=(<宽度（英寸）>,<高度（英寸）>))
```

接着解决第二个问题。我们希望只比较各个省（自治区、直辖市）的人口，所以要删除全国的人口数据。注意：我们用地名作为索引，全国人口数据的索引就是“全国”，所以指定“**df=df.drop("全国", axis=0)**”。

chap4/chap4-6.py

```
import pandas as pd
import matplotlib.pyplot as plt

# 为图表设置默认的中文字体
plt.rcParams["font.family"] = ["Microsoft YaHei", "sans-serif"]

# 读取 Excel 数据生成数据框
df = pd.read_excel("population.xlsx", index_col="地区")
```

```
# 删除全国人口数据
df = df.drop(" 全国 ", axis=0)

# 用总人口数据绘制柱状图
df[" 总人口 "].plot.bar(figsize=(10, 7.5))
plt.show()
```

输出结果

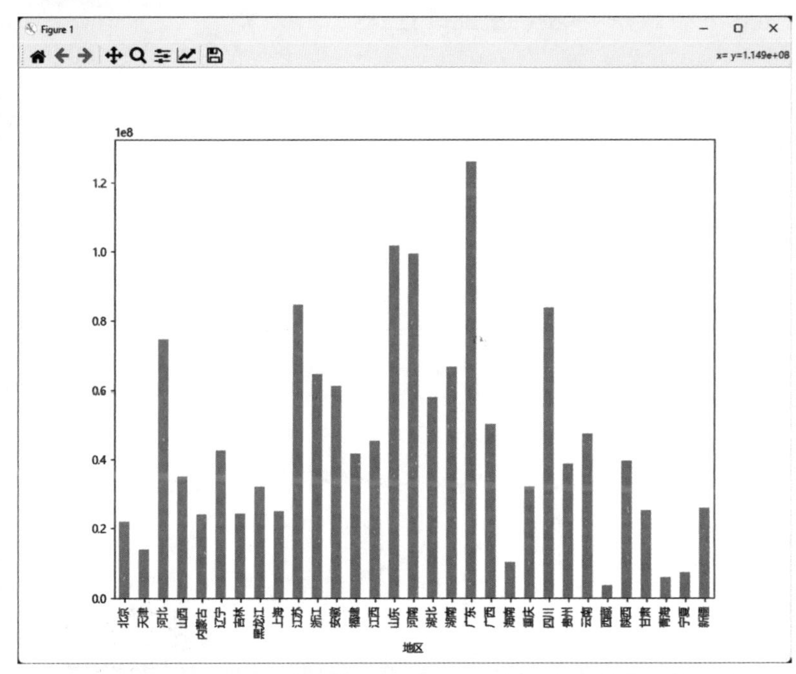

到此，我们成功绘制了各个省（自治区、直辖市）的人口分布。

不过，这个分布是按照地区的位置顺序排列的（华北→东北→华东→华中→华南→西南→西北）。我们想让人口从多到少排列，此时要对总人口进行排序，方法为“**df = df.sort_values(" 总人口 ", ascending=False)**”。

chap4/chap4-7.py

```
import pandas as pd
import matplotlib.pyplot as plt
```

```
# 为图表设置默认的中文字体
plt.rcParams["font.family"] = ["Microsoft YaHei", "sans-serif"]

# 读取 Excel 数据生成数据框
df = pd.read_excel("population.xlsx", index_col=" 地区 ")

# 删除全国人口数据
df = df.drop(" 全国 ", axis=0)
# 按总人口从大到小排列
df = df.sort_values(" 总人口 ", ascending=False)

# 用总人口数据绘制柱状图
df[" 总人口 "].plot.bar(figsize=(10, 7.5))
plt.show()
```

输出结果

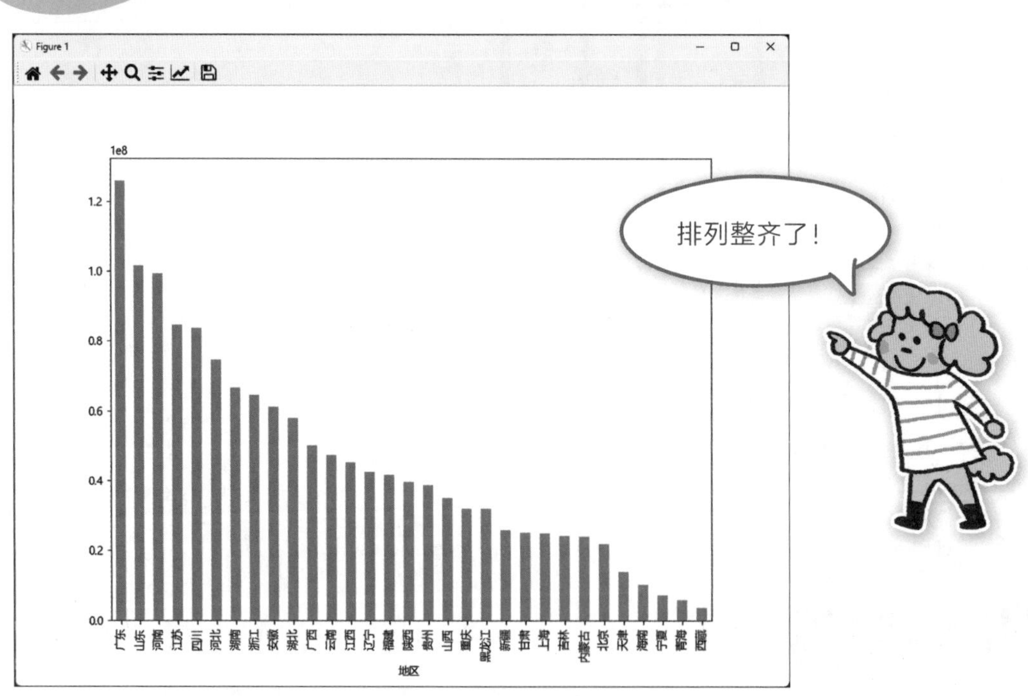

至此，我们得到了排列整齐的人口图表。

我们想进一步分析这些数据并绘图。比如，Excel 里加入了男性和女性的数据，那么我们能不能比较不同地区男女人口的差异呢？这需要我们计算两个列数据的差，作为一个新的列数据加入数据框。

格式：将两个列数据的差作为新的列数据

```
df["<新的列名>"] = df["<列名1>"] - df["<列名2>"]
```

例如，我们有“男性”和“女性”两列人口数据，将它们相减得到“男女差异”列数据。我们顺便可以按照新生成的“男女差异”列数据从大到小排列。

chap4/chap4-8.py

```
import pandas as pd
import matplotlib.pyplot as plt

# 为图表设置默认的中文字体
plt.rcParams["font.family"] = ["Microsoft YaHei", "sans-serif"]

# 读取 Excel 数据并生成数据框
df = pd.read_excel("population.xlsx", index_col="地区")

# 删除全国人口数据
df = df.drop("全国", axis=0)
# 计算男女差异并从大到小排列
df["男女差异"] = df["男性"] - df["女性"]
df = df.sort_values("男女差异", ascending=False)

# 用男女差异数据绘制柱状图
df["男女差异"].plot.bar(figsize=(10, 7.5))
plt.show()
```

输出结果

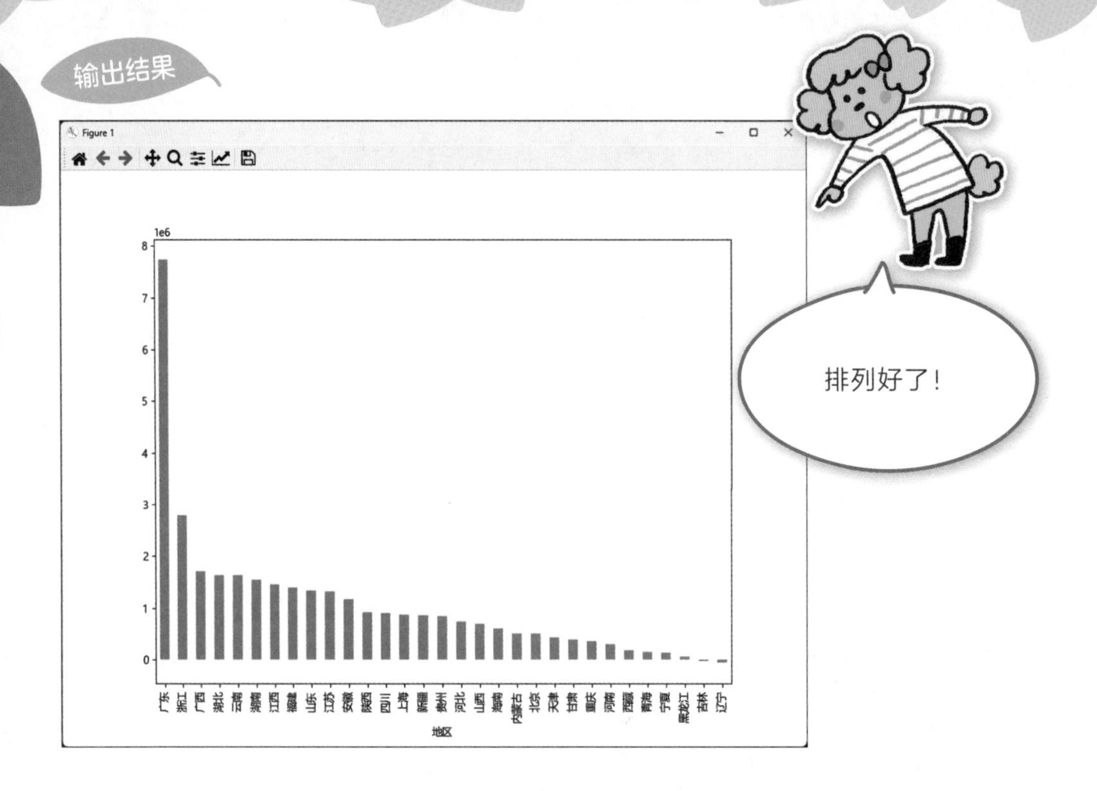

结果表明，除了辽宁和吉林两省，其余省（自治区、直辖市）的男性人口都要比女性人口多，而广东省的差异最大。但是从之前的图表来看，广东省的总人口也是最多的，这会不会对男女人口差异有影响？

为了更好地比较人口差异，我们可以计算得稍微复杂一点，计算男性人口比女性人口多百分之几，写法为“**df["男女差异"] = (df["男性"] - df["女性"]) / df["女性"] * 100.0**”。由此可见，pandas 支持列数据的四则运算。

chap4/chap4-9.py

```
import pandas as pd
import matplotlib.pyplot as plt

# 为图表设置默认的中文字体
plt.rcParams["font.family"] = ["Microsoft YaHei", "sans-serif"]

```

```
# 读取 Excel 数据生成数据框
df = pd.read_excel("population.xlsx", index_col=" 地区 ")

# 删除全国人口数据
df = df.drop(" 全国 ", axis=0)
# 计算男女差异百分比并从大到小排列
df[" 男女差异 "] = (df[" 男性 "] - df[" 女性 "]) / df[" 女性 "] * 100.0
df = df.sort_values(" 男女差异 ", ascending=False)

# 用男女差异数据绘制柱状图
df[" 男女差异 "].plot.bar(figsize=(10, 7.5))
plt.show()
```

输出结果

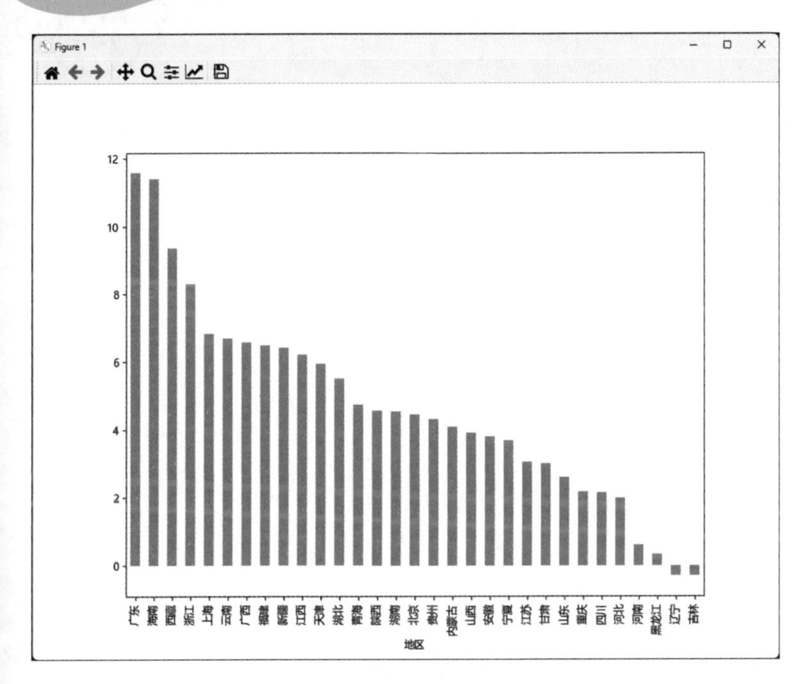

结果表明，换算成百分比后，男女人口差异排除了总人口因素，各个省（自治区、直辖市）之间的差异就没有那么极端了，不过绝大多数省份男性比女性多的结果不变。

这里只用到了人口普查数据的一部分。要知道，对中国这么大的地方做一次人口普查是十分耗费精力的——也会得到相当丰富的数据。

没错！感觉学会了很多数据分析的知识呢。

那接下来我们找找贴近生活的一些数据，会很有意思的。

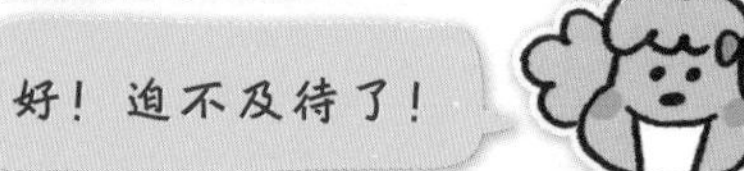

蔬菜价格数据

我们来挑战获取蔬菜价格的数据，学习开放数据的各种预处理。

让我们来看一份蔬菜价格波动的数据吧。

蔬菜价格吗？要是有水果的就好了……

不要紧，等到水果的数据发布了，我们就能得心应手地处理了。

政府部门根据各自的职能，会调研民生、经济、教育、文化、卫生健康、生态建设等方面的各种数据，并公开发布。与我们生活息息相关的农产品价格数据，是群众高度关注的内容之一。下面，我们来分析一份来自上海市公共数据开放平台的蔬菜价格数据。

上海市公共数据开放平台：

https://data.sh.gov.cn

我们可以直接使用平台提供的搜索功能，❶ 在搜索框中输入“蔬菜”，❷ 点击“搜索”查看搜索结果。

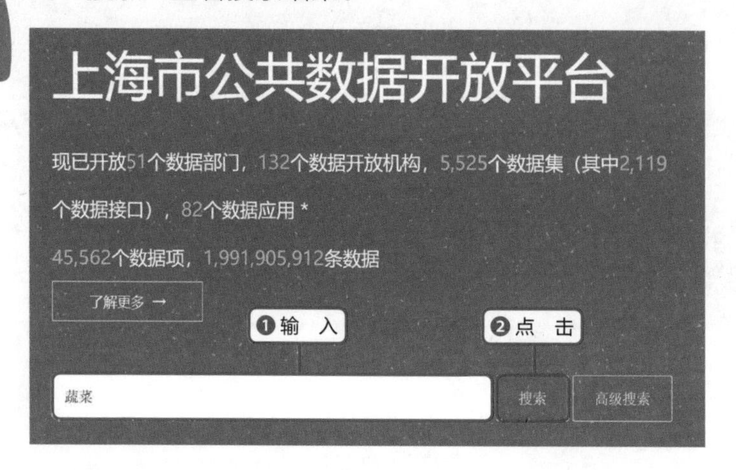

搜索结果显示了两份与蔬菜相关的开放数据。其中，“上海市蔬菜批发行情”是我们需要的价格数据。❶ 点击“上海市蔬菜批发行情”链接，进入数据的详情页。

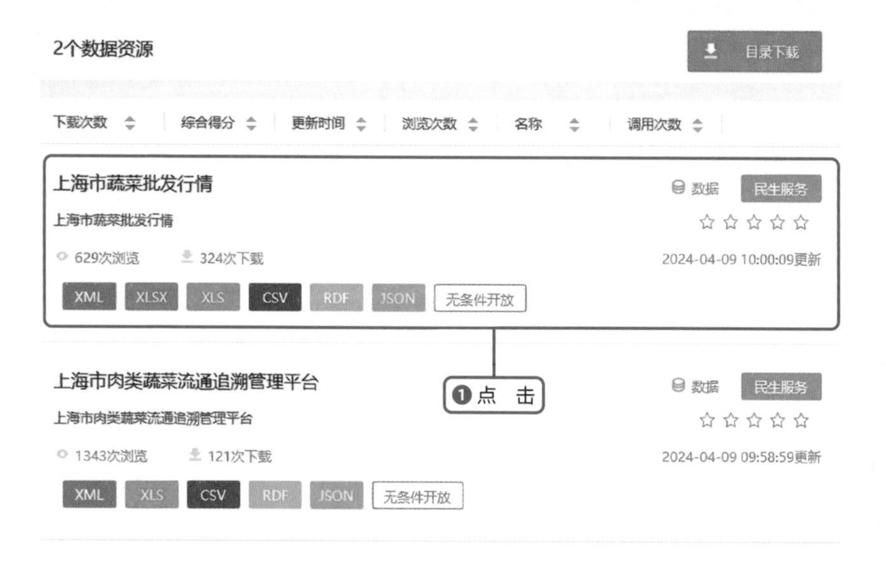

在详情页的下方“附件下载”中 ❶ 选择“上海市蔬菜批发行情 - 新”。可以看到，平台提供了各种格式的数据供我们下载。❶ 点击“csv”按钮，即可下载 CSV 格式的蔬菜价格数据。建议在下载时将文件名改为“vegetables.csv”。

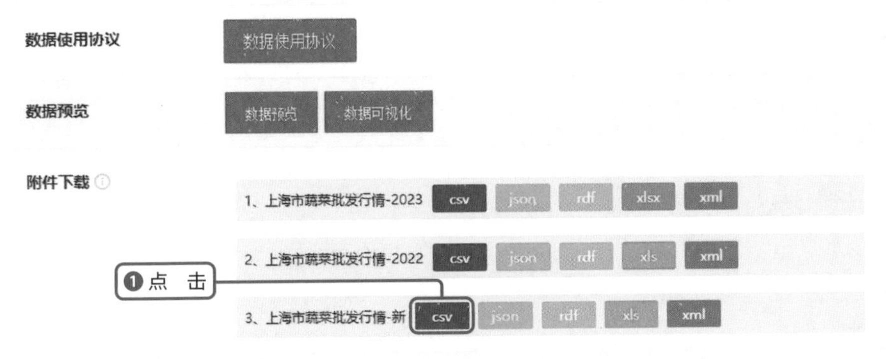

随本书发布的代码文件中也提供了“vegetables.csv”，供读者下载使用。

读取 CSV 数据

获取 CSV 格式的数据之后，要先在文本编辑器中确认数据的编码等其他信息，这样才能保证用 pandas 读取数据时不会出错。

首先能够确认，这份 CSV 格式文件采用的是 UTF-8 编码。它的第 1 行为表头，没有索引。另外，第 3 列的日期数据用固定格式的字符串“年 - 月 - 日”表示。在 pandas 中，可以将这一类字符串转换为专门的日期 / 时间类型 **datetime**，很容易对日期和时间进行计算和排序。

除此之外，这份数据还有两个问题需要处理。

第一，存在一些重复数据。比如，2020 年 9 月 1 日统计的韭菜花价格就存在重复。这可能是在不同地点对韭菜花的价格进行统计导致的。我们绘图时，每天的每一种蔬菜只需取一个价格，所以要去掉这一类重复的数据。

第二，这份数据的条数很多，数据的开头似乎是按照日期排序的，但翻到后面就会发现并非如此。为此，我们要按照日期重新为数据排序。

我们先试着读取 CSV 数据，输出它的基本信息。

chap4/chap4-10.py

```
import pandas as pd
```

```
# 读取 CSV 文件
df = pd.read_csv("vegetables.csv", encoding="utf-8")

# 输出基本信息
print(len(df))
print(df.columns.values)
```

输出结果

```
37814
['单位' '批发价格' '日期' '商品名称' '信息来源']
```

接下来，我们处理前面讨论的数据问题。首先，用 **df.drop_duplicates()** 去掉重复数据。其中，日期和蔬菜种类（商品名称）重复的数据是需要去掉的，而价格数据在分析和绘图时任取其一即可。此时需要指定关注的列名称，让 pandas 根据这些列数据判断是否为重复数据。

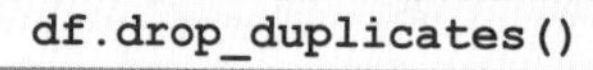

格式：去除重复数据

```
df.drop_duplicates()
```

格式：根据指定的列数据判断和去除重复数据

```
df.drop_duplicates(["<列名1>","<列名2>",…])
```

其次，用“**pd.to_datetime(df["<列名>"], format="<格式字符串>")**”将表示日期或时间的字符串列数据转换为时间类型，替换原来的数据。“**<格式字符串>**”用一系列记号代表年、月、日、时、分、秒等。例如，我们处理的这份数据的日期格式为“2020-09-01”，对应的格式字符串是“**%Y-%m-%d**”。

格式：将字符串列数据转换为时间类型，替换原始数据

```
df['<列名>'] = pd.to_datetime(df["<列名>"], format="格式字符串")
```

格式记号	含 义	举 例
%Y	四位数年份	2024
%m	两位数月份（用 0 补足）	02
%d	两位数日期（用 0 补足）	04
%H	两位数小时数（24 小时制）	18
%I	两位数小时数（12 小时制）	06
%M	两位数分钟数	35
%S	两位数秒数	09
%p	上午（AM）或下午（PM）	AM

最后，这份数据的条数很多，即使去掉重复后，数据也少不了。我们可以使用“**df.head(< 行数 >)**”获取数据框的开头几行，以检查数据的大致情况。

格式：获取数据框的开头若干行

```
df.head(< 行数 >)
```


现在，我们对蔬菜价格的 CSV 数据进行处理，并检查处理的结果。

chap4/chap4-11.py

```
import pandas as pd

# 读取 CSV 文件
df = pd.read_csv("vegetables.csv", encoding="utf-8")

# 去掉日期和蔬菜种类重复的数据
df = df.drop_duplicates(['日期', '商品名称'])

# 将日期字符串转换为时间类型并排序
df['日期'] = pd.to_datetime(df['日期'], format="%Y-%m-%d")
df = df.sort_values('日期')
```

```
# 输出条目数和开头几行
print(len(df))
print(df.head(30))
```

输出结果

6957

	单位	批发价格	日期	商品名称	信息来源
0	kg	5.40	2020-09-01	青菜	上海市江桥批发市场有限公司
36	kg	6.00	2020-09-01	青椒	上海农产品中心批发市场
30	kg	6.00	2020-09-01	鸡毛菜	上海农产品中心批发市场
（中间省略）					
141	kg	5.80	2020-09-02	韭菜花	上海市江桥批发市场有限公司
144	kg	6.20	2020-09-02	细香葱	上海市江桥批发市场有限公司
145	kg	1.38	2020-09-02	洋葱	上海市江桥批发市场有限公司

结果表明，去掉重复数据之后，条目数量大大减少，不过仍然很多。并且，每天都统计了很多蔬菜的数据，直接绘制图表不是很方便。我们从中筛选出若干种类蔬菜的数据，用它们绘制图表。

首先，我们需要确认蔬菜的种类。从“**df["<商品名称>"]**”中去除重复的数据，转换为列表，输出数据中提供的所有蔬菜种类。

chap4/chap4-12.py  

```
import pandas as pd

# 读取 CSV 文件
df = pd.read_csv("vegetables.csv", encoding="utf-8")

# 提取蔬菜种类名称，去除重复数据
vegetables = df['商品名称'].drop_duplicates()
```

```
# 转换为列表并显示
print(vegetables.to_list())
```

输出结果

```
['青菜', '大白菜', '卷心菜', '菠菜', '生菜', '长白萝卜', '土豆',
 '芋艿', '姜柄瓜', '番茄', '茄子', '黄瓜', '冬瓜', '豇豆', '刀豆',
 '蒜苗', '韭菜花', '细香葱', '洋葱', '花菜', '芹菜', '蕹菜', '米苋',
 '鸡毛菜', '青椒']
```

选取几种我们关注的蔬菜种类，如大白菜、黄瓜和番茄，然后用 **df.head()** 查看我们选取的数据样本。

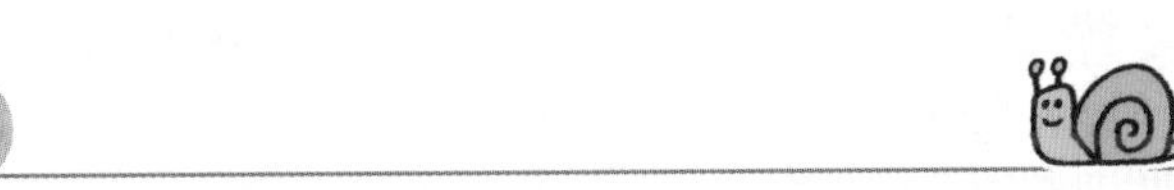

chap4/chap4-13.py

```
import pandas as pd

# 读取 CSV 文件
df = pd.read_csv("vegetables.csv", encoding="utf-8")

# 去掉日期和蔬菜种类重复的数据
df = df.drop_duplicates(['日期', '商品名称'])

# 将日期字符串转换为 datetime 格式并排序
df['日期'] = pd.to_datetime(df['日期'], format="%Y-%m-%d")
df = df.sort_values('日期')

# 提取指定种类的蔬菜，生成新的数据框
sample1 = df[df['商品名称'] == '大白菜']
sample2 = df[df['商品名称'] == '黄瓜']
sample3 = df[df['商品名称'] == '番茄']

# 显示样本
print(sample1.head())
print(sample2.head())
print(sample3.head())
```

输出结果

```
     单位   批发价格   日期          商品名称   信息来源
1    kg     2.40      2020-09-01   大白菜     上海市江桥批发市场有限公司
126  kg     2.35      2020-09-02   大白菜     上海市江桥批发市场有限公司
2877 kg     2.50      2020-09-03   大白菜     上海市江桥批发市场有限公司
263  kg     2.50      2020-09-04   大白菜     上海市江桥批发市场有限公司
389  kg     2.30      2020-09-05   大白菜     上海市江桥批发市场有限公司
     单位   批发价格   日期          商品名称   信息来源
11   kg     3.6       2020-09-01   黄瓜       上海市江桥批发市场有限公司
136  kg     3.5       2020-09-02   黄瓜       上海市江桥批发市场有限公司
2887 kg     4.0       2020-09-03   黄瓜       上海市江桥批发市场有限公司
273  kg     3.7       2020-09-04   黄瓜       上海市江桥批发市场有限公司
399  kg     3.6       2020-09-05   黄瓜       上海市江桥批发市场有限公司
     单位   批发价格   日期          商品名称   信息来源
9    kg     6.20      2020-09-01   番茄       上海市江桥批发市场有限公司
134  kg     6.25      2020-09-02   番茄       上海市江桥批发市场有限公司
2885 kg     5.95      2020-09-03   番茄       上海市江桥批发市场有限公司
271  kg     5.95      2020-09-04   番茄       上海市江桥批发市场有限公司
397  kg     6.10      2020-09-05   番茄       上海市江桥批发市场有限公司
```

可以看出，每一种蔬菜的数据已经按照日期排好了顺序。这样一来，就可以将日期当作索引来绘图了。

将数据绘制为折线图

我们已经处理好数据，做好绘图的准备了。在代码开头导入 matplotlib 库的 pyplot 模块，并设置好中文字体。接着，把提取的三类蔬菜数据的索引统一改为日期，这样能够合并到同一张图上绘制图表。另外，三类数据的标签默认根据列名设为“批发价格”，这样会让我们分不清是哪一种蔬菜的数据，所以要在绘图时指定标签。

chap4/chap4-14.py

```
import pandas as pd
import matplotlib.pyplot as plt

# 为图表设置中文字体
plt.rcParams['font.family'] = ['Microsoft YaHei', 'sans-serif']

# 读取 CSV 文件
df = pd.read_csv("vegetables.csv", encoding="utf-8")

# 去掉日期和蔬菜种类重复的数据
df = df.drop_duplicates(['日期', '商品名称'])

# 将日期字符串转换为 datetime 格式并排序
df['日期'] = pd.to_datetime(df['日期'], format="%Y-%m-%d")
df = df.sort_values('日期')

# 提取指定种类的蔬菜，生成新的数据框
sample1 = df[df['商品名称'] == '大白菜']
sample2 = df[df['商品名称'] == '黄瓜']
sample3 = df[df['商品名称'] == '番茄']

# 用日期作为索引
sample1 = sample1.set_index('日期')
sample2 = sample2.set_index('日期')
sample3 = sample3.set_index('日期')
```

```
# 绘制图表并显示
sample1['批发价格'].plot(label='大白菜')
sample2['批发价格'].plot(label='黄瓜')
sample3['批发价格'].plot(label='番茄')
plt.legend()
plt.show()
```

输出结果

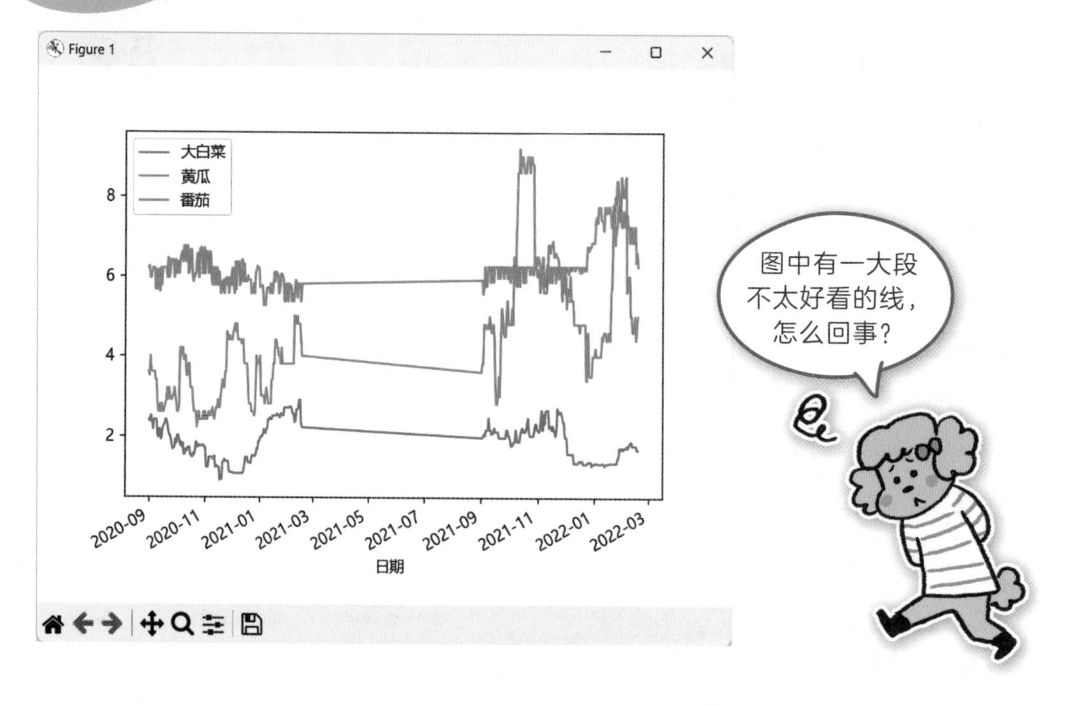

在图中有一大段不太好看的线，像是从 2021 年 3 月直接连到了 2021 年 9 月。这是因为 2021 年 3 月到 2021 年 9 月之间没有数据，绘制的折线图不会因此而断开。由于数据量非常大，我们可以按时间段选取数据，将 2020—2021 年和 2021—2022 年的数据分开绘制图表。

其中，“**sample1["日期"] < "2021-06-01"**”是按时间类型选取数据的写法。这样，pandas 能够识别时间或日期的字符串，并与时间类型进行比较。

chap4/chap4-15.py

```
import pandas as pd
import matplotlib.pyplot as plt

# 为图表设置中文字体
plt.rcParams['font.family'] = ['Microsoft YaHei', 'sans-serif']

# 读取 CSV 文件
df = pd.read_csv("vegetables.csv", encoding="utf-8")

# 去掉日期和蔬菜种类重复的数据
df = df.drop_duplicates(['日期', '商品名称'])

# 将日期字符串转换为 datetime 格式并排序
df['日期'] = pd.to_datetime(df['日期'], format="%Y-%m-%d")
df = df.sort_values('日期')

# 提取指定种类的蔬菜，生成新的数据框
sample1 = df[df['商品名称'] == '大白菜']
sample2 = df[df['商品名称'] == '黄瓜']
sample3 = df[df['商品名称'] == '番茄']

# 按日期进行分段选取
sample1_1 = sample1[sample1['日期'] < '2021-06-01']
sample1_2 = sample1[sample1['日期'] > '2021-06-01']
sample2_1 = sample2[sample2['日期'] < '2021-06-01']
sample2_2 = sample2[sample2['日期'] > '2021-06-01']
sample3_1 = sample3[sample3['日期'] < '2021-06-01']
sample3_2 = sample3[sample3['日期'] > '2021-06-01']

# 用日期作为索引
sample1_1 = sample1_1.set_index('日期')
sample2_1 = sample2_1.set_index('日期')
sample3_1 = sample3_1.set_index('日期')
sample1_2 = sample1_2.set_index('日期')
sample2_2 = sample2_2.set_index('日期')
```

```
sample3_2 = sample3_2.set_index('日期')

# 绘制图表并显示
sample1_1['批发价格'].plot(label='大白菜')
sample2_1['批发价格'].plot(label='黄瓜')
sample3_1['批发价格'].plot(label='番茄')
plt.legend()
plt.show()

sample1_2['批发价格'].plot(label='大白菜')
sample2_2['批发价格'].plot(label='黄瓜')
sample3_2['批发价格'].plot(label='番茄')
plt.legend()
plt.show()
```

输出结果

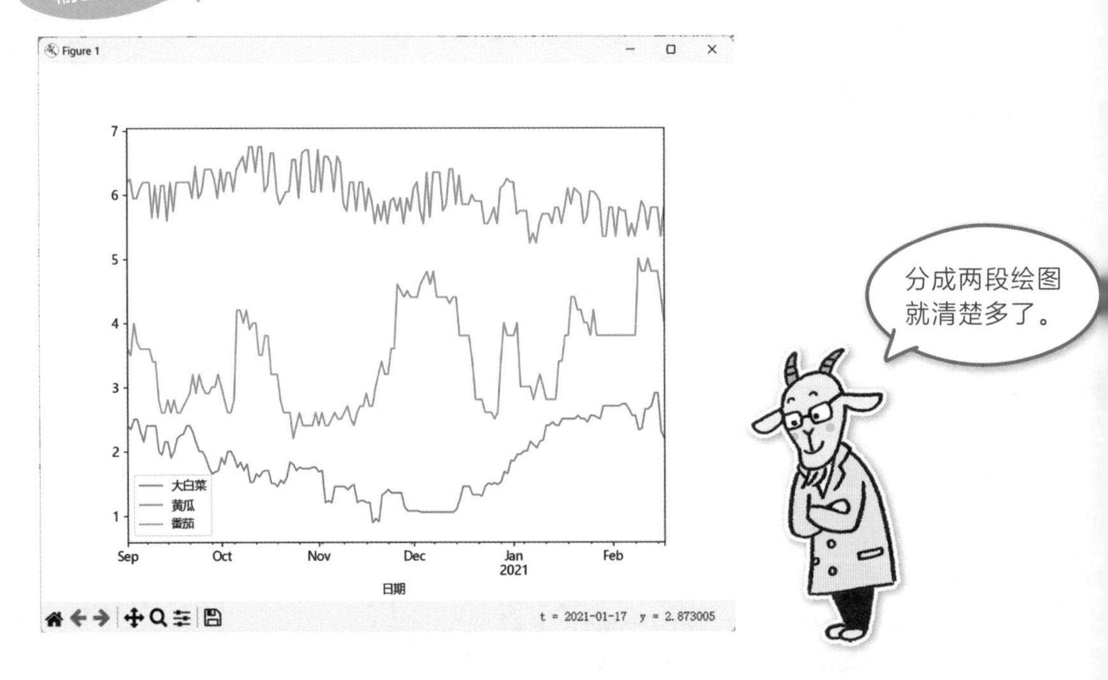

第5章
通过 Web API 收集数据

※ 作为本书虚构的地点，四叶镇盛产葡萄，农业信息化水平极高，能够通过Web API获取葡萄颜色信息。

引　言

什么是 Web API？

什么是 OpenWeatherMap？

查看当前天气

城市名	=	**Beijing**
气温	=	**8.94**
天气	=	**Clear**
天气详情	=	晴

查看五日天气预报（间隔 3 小时）

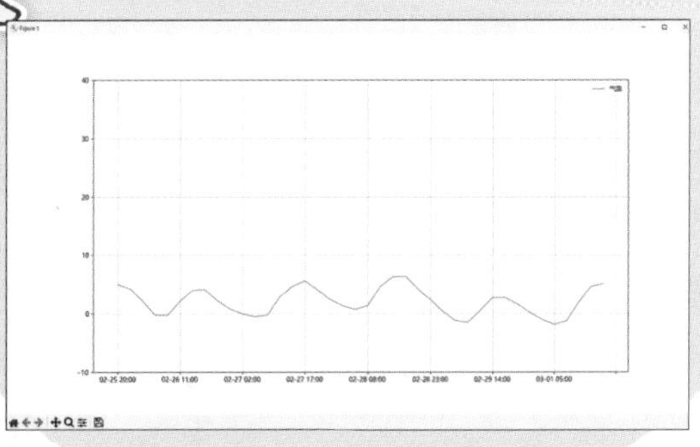

什么是 Web API？

我们将学习通过 Web API 从网上获取实时的天气数据并进行分析。在此之前，先了解一下 Web API 的概念。

试一试通过 Web API 获取数据的方法吧。

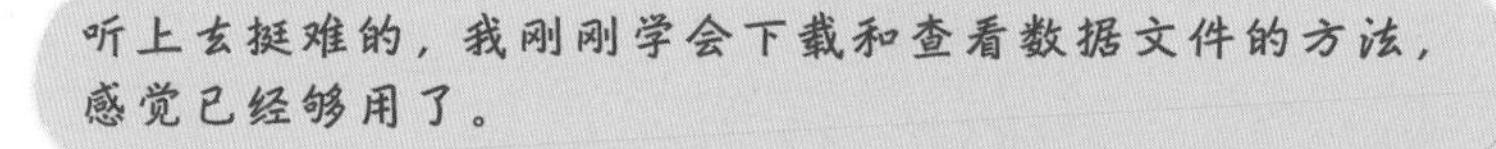

听上去挺难的，我刚刚学会下载和查看数据文件的方法，
感觉已经够用了。

如果能够获取整个文件，这种下载和分析的手段的确简单好用。但是，如果数据是持续不断更新的，就无能为力了。

什么意思?

比如，之前我们收集的医院位置数据几乎不会变化，人口和蔬菜价格也是历史数据，不会更改，下载之后可以一直使用。假如我们要分析天气、股票价格等每天都在变化的数据，就不行了。

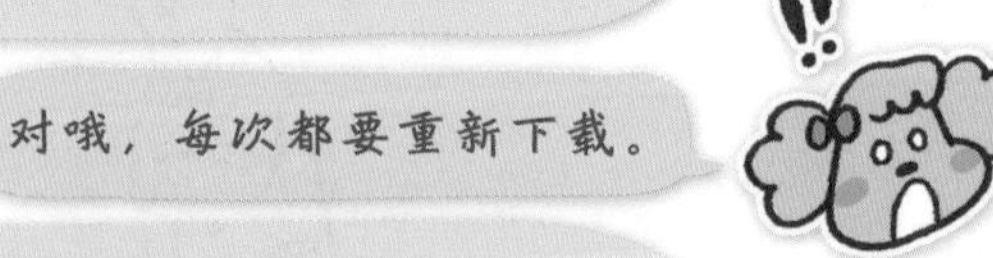

对哦，每次都要重新下载。

这种情况下，使用 Web API 就很方便了。每次执行时，程序会主动采集，提供最新的数据。

那太方便了，这样就总能用到最新的数据了。

Web API——利用其他计算机提供的能力

Web API的原理是“通过HTTP利用互联网上其他计算机提供的能力”。例如，使用百度地图、高德地图等提供的地图 API 时，程序借助这些 API 背后的服务器的能力，来使用地图、导航等功能。甚至更进一步，现代的网站、移动 App、小程序等都大量使用了 Web API，根据用户的操作动态更新内容。

具体来说，Web API 仍然是形如“http://xxxx.yyy”这样的地址。程序通过 Web API 向服务器发送请求后，服务器不再返回整个网页，而是通过数据处理和计算，返回特定格式的结果。不同服务器返回的数据格式有所不同，常见的数据格式有 JSON、XML 等。另外，返回的还可能是动态生成的图片、文档、视频等文件。

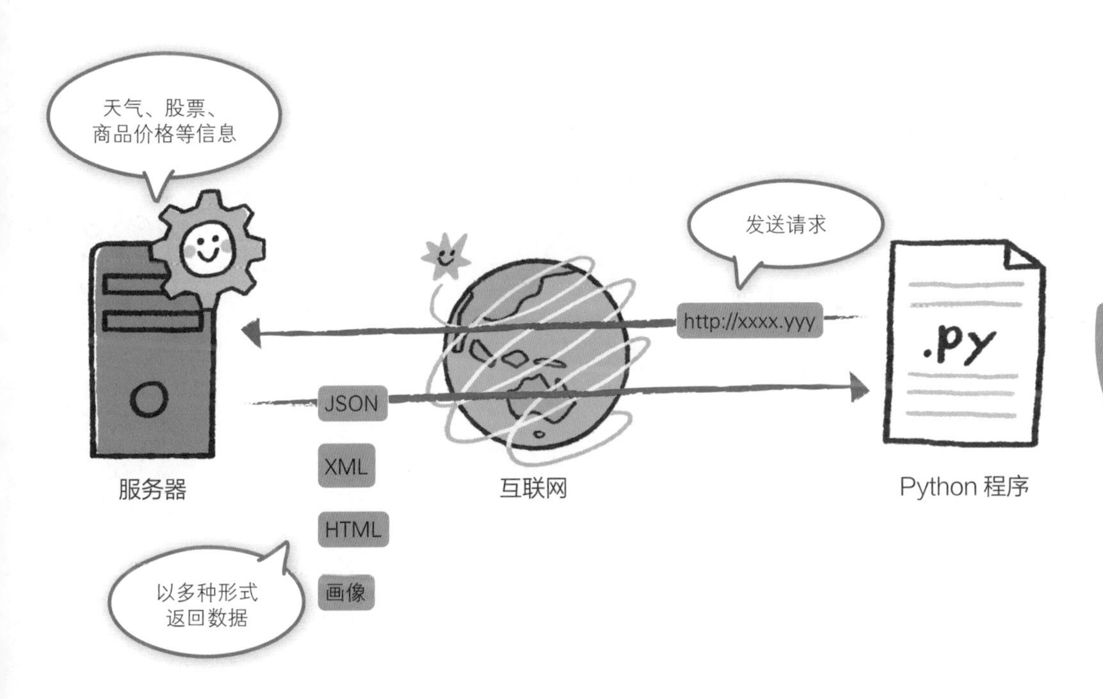

服务器在提供 Web API 的同时也需要公布“能做什么”和“怎样访问”的详细说明，供用户在使用之前确认。大多数 Web API 需要注册账号才能使用，面向科研用途、商业用途等的 API 可能有免费版和付费版的区别。

什么是 OpenWeatherMap？

让我们为使用公开发布全世界天气信息的线上服务做好准备。

那么，我们来尝试获取每天实时变化的天气数据吧。需要用到 OpenWeatherMap 网站提供的 Web API。

它会预报我所在的城市明天的天气吗？

会的。我们还能获取很多城市的天气情况和气温呢。

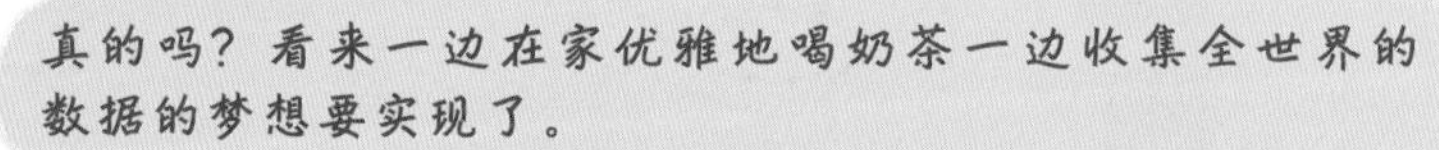

真的吗？看来一边在家优雅地喝奶茶一边收集全世界的数据的梦想要实现了。

我们的手机和笔记本电脑能够实时更新天气，获取天气预报，离不开以 Web API 的形式发布的天气信息的支持。国内外有许多发布实时天气信息的 Web API，如高德地图的天气 API、和风天气、AccuWeather、OpenWeatherMap 等。

本节课将以 OpenWeatherMap 为例，介绍天气类 Web API 的注册和使用流程。其他 Web API 的注册和使用流程大体类似。读者如果访问 OpenWeatherMap 有困难，也可以尝试换用国内的 API。

OpenWeatherMap 限 16 岁以上的用户注册使用。

备忘录

CC BY-SA 4.0

OpenWeatherMap 提供的数据遵循“CC BY-SA 4.0”协议发布。“CC”是 Creative Commons 的缩写，它是一个制定开放协议的组织，中文一般翻译为“知识共享”。CC 制定了一系列开放版权协议，允许用户在遵守某些条件的前提下自由使用原作者发布的版权信息。

“BY-SA”的含义为“署名－相同协议共享”，4.0 为版本号。它的含义是，用户可以免费开放使用这些信息，也可以自行编辑、修改这些信息来重新发布，但发布时要遵守两个规则：一是保留信息原作者的署名；二是必须以同样的协议发布编辑、修改后的信息，允许其他用户免费开放使用或进一步编辑、修改。

除了 Web API 和开放数据，互联网上免费公开的照片、音乐、视频等信息也可能以某种 CC 协议发布。使用时一定要注意遵守这些协议的规则。

OpenWeatherMap 网站的使用步骤

首先访问 OpenWeatherMap 网站主页。网站只有英文版，主页会显示某座城市的当前天气和天气预报等信息，并提供搜索框供用户搜索指定城市的天气情况。

OpenWeatherMap 网站地址：

https://openweathermap.org

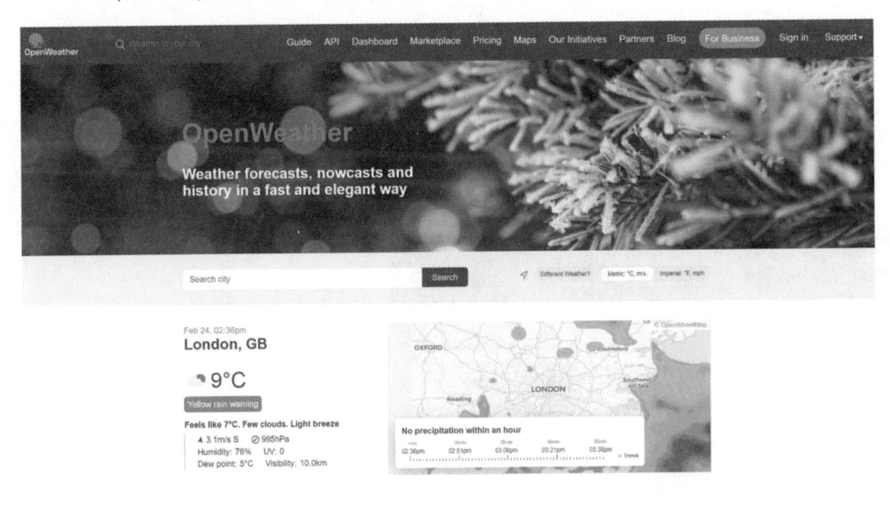

使用 OpenWeatherMap 的 Web API 的步骤如下：

① 注册账号

② 获取 API key

③ 使用 API

使用 OpenWeatherMap

①注册账号

❶ 点击主页右上角的“Sing In”（登录）按钮，显示登录对话框。我们现在没有账号，需要 ❷ 点击“Create an Account”链接来注册一个新的账号。❸ 在注册对话框中填写用户名（Username）、邮箱（Enter email）、密码（Password），再次输入密码（Repeat Password）。❹ 勾选注册对话框中的“I am 16 years old and over”“I agree with…”和“进行人机身份验证”复选框。❺ 点击“Create Account”按钮。这样就初步完成了注册，进入到网站的用户界面。第一次进入时会弹出一个询问 API 用途的对话框“How and where will you use our API”。❻ 在“Company”处填写所在的公司/单位（选填）。❼ 在“Purpose”下拉菜单中选择 API 的用途，如“Education/Science”（教育/科学）。❽ 填好之后点击“Save”（保存）。

一般地，在这些步骤之后还会有一个邮箱验证步骤。注册时所用的邮箱会收到一封邮件，点击邮件中的“Verify your email”（验证邮箱）完成验证，注册流程即全部完成。

Sign In To Your Account

Enter email

Password

Remember me

Submit

Not registered? Create an Account. ❷点 击

Lost your password? Click here to recover.

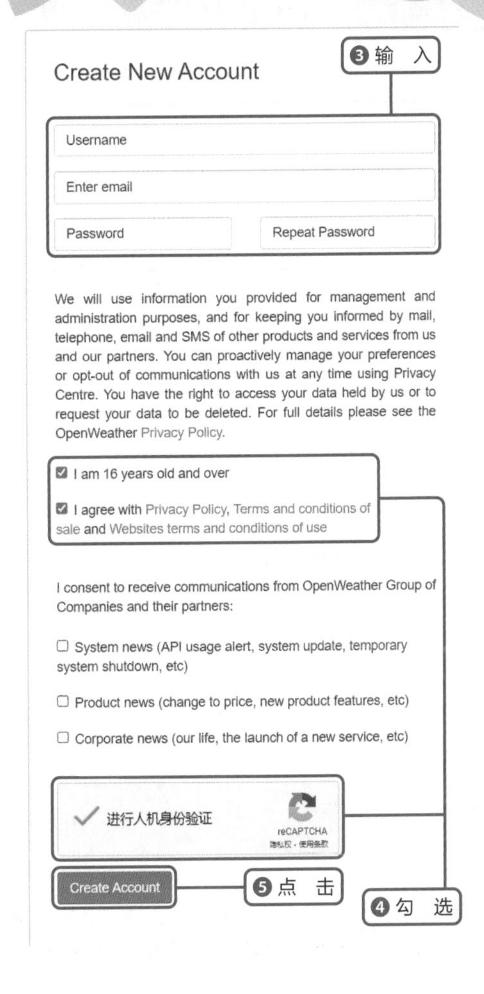

❸输 入
Create New Account
Username
Enter email
Password
Repeat Password
We will use information you provided for management and administration purposes, and for keeping you informed by mail, telephone, email and SMS of other products and services from us and our partners. You can proactively manage your preferences or opt-out of communications with us at any time using Privacy Centre. You have the right to access your data held by us or to request your data to be deleted. For full details please see the OpenWeather Privacy Policy.
I am 16 years old and over
I agree with Privacy Policy, Terms and conditions of sale and Websites terms and conditions of use
I consent to receive communications from OpenWeather Group of Companies and their partners:
System news (API usage alert, system update, temporary system shutdown, etc)
Product news (change to price, new product features, etc)
Corporate news (our life, the launch of a new service, etc)
进行人机身份验证
reCAPTCHA
Create Account
❺点 击
❹勾 选

How and where will you use our API?

Hi! We are doing some housekeeping around thousands of our customers. Your impact will be much appreciated. All you need to do is to choose in which exact area you use our services.

Company
❻输 入
* Purpose
Education/Science
❼选 择

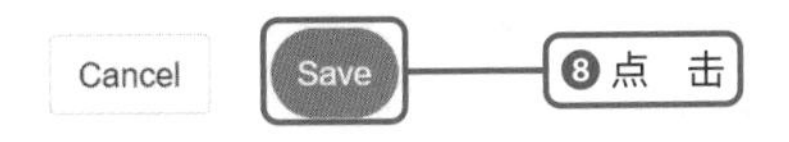

Cancel
Save
❽点 击

②获取 API key

在注册和邮箱验证流程完成后，网站会为你的账号自动生成一个默认的API key。在登录后的个人信息页面上❶点击“API keys”选项卡。❷下方的表格中列出默认的API key，形式为一个无规律的字符串。请确认和记住这个API key。

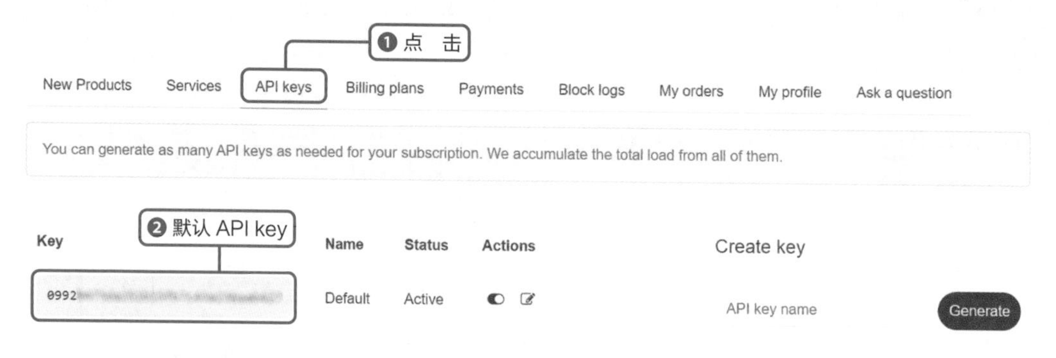

③使用 API

❶点击页面上方的“Pricing”链接。这里展示了网站提供的各种免费和付费订阅计划。在“Current weather and forecasts collection”表格中可以看到免费计划，它显示“Current Weather”（当前天气）和“3-hour Forecast 5 days”（五日天气预报，间隔3小时）两项API是可用的。

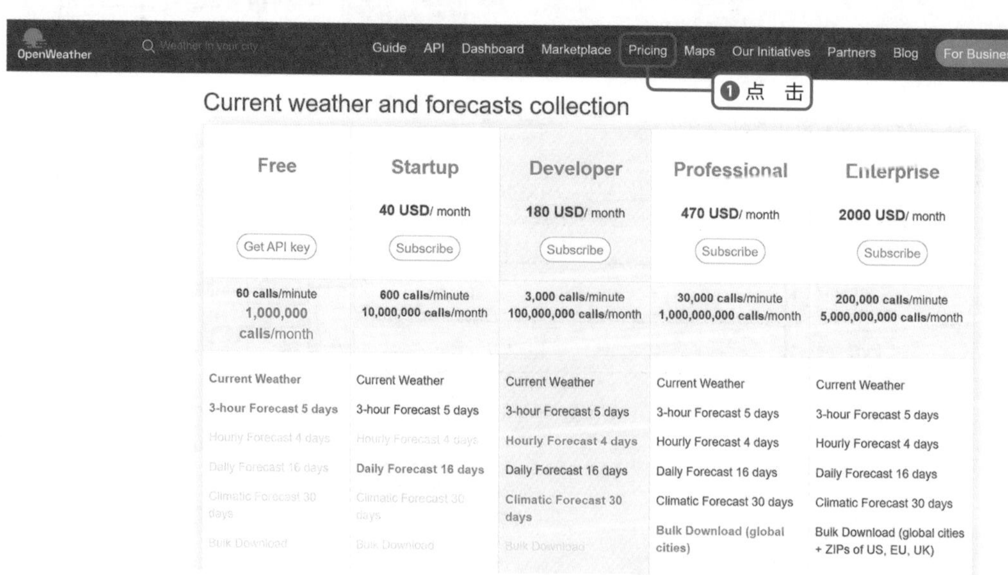

❷ 点击页面上方的“API”链接。这里展示了网站提供的 Web API 列表。

❸ 查看列表中免费可用的“Current Weather Data”（当前天气数据）和“5 Day/3 Hour Forecast”（五日天气预报，间隔 3 小时）的相关说明。

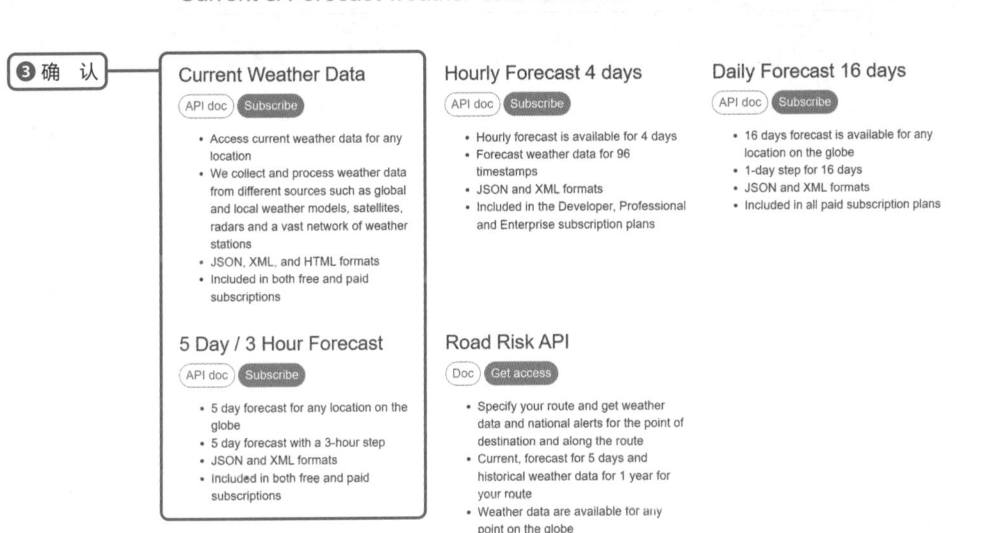

Current & Forecast weather data collection
❸确 认
Current Weather Data
API doc
Subscribe
• Access current weather data for any location
• We collect and process weather data from different sources such as global and local weather models, satellites, radars and a vast network of weather stations
• JSON, XML, and HTML formats
• Included in both free and paid subscriptions
Hourly Forecast 4 days
API doc
Subscribe
• Hourly forecast is available for 4 days
• Forecast weather data for 96 timestamps
• JSON and XML formats
• Included in the Developer, Professional and Enterprise subscription plans
Daily Forecast 16 days
API doc
Subscribe
• 16 days forecast is available for any location on the globe
• 1-day step for 16 days
• JSON and XML formats
• Included in all paid subscription plans
5 Day / 3 Hour Forecast
API doc
Subscribe
• 5 day forecast for any location on the globe
• 5 day forecast with a 3-hour step
• JSON and XML formats
• Included in both free and paid subscriptions
Road Risk API
Doc
Get access
• Specify your route and get weather data and national alerts for the point of destination and along the route
• Current, forecast for 5 days and historical weather data for 1 year for your route
• Weather data are available for any point on the globe
• To receive information on price and access the data, please contact us

第18课

查看当前天气

用 OpenWeatherMap 的 API 获取当前天气。

博士！快查查天气吧！我该怎么做？

那就通过“当前天气”来查询吧。

快教教我。

要从 API 的说明入手。

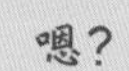

嗯?

网站上写得很清楚，我们来看看吧。在 API 页面下点击“Current weather data”（当前天气数据）的 API doc（API 说明文档），可以查看 API 的调用规则和可以获取的数据格式。

字太多，有点看不过来，还是看看示例教我们怎么用吧。

OpenWeatherMap 中提供了查看当前天气的多种 API，列举如下。

当前天气的查看方法

指定城市名和国家 / 地区名	https://api.openweathermap.org/data/2.5/weather?q={city}&appid={key}&lang=zh_cn&units=metric
指定城市 ID	https://api.openweathermap.org/data/2.5/weather?id={cityID}&appid={key}&lang=zh_cn&units=metric
指定经纬度坐标	https://api.openweathermap.org/data/2.5/weather?lat={lat}&lon={lon}&appid={key}&lang=zh_cn&units=metric

根据说明，OpenWeatherMap 支持用不同国家和地区的文字返回天气查询结果，默认文字是英文，设定“**lang=zh_cn**”可返回简体中文；结果中的温度单位默认是开尔文，设定“**units=metric**”可改为我们常用的摄氏度。

通过指定城市名称获取天气情况

先尝试通过指定城市名称调用 API，获取天气情况。

API 的调用方法如下，其中 **{city}** 和 **{key}** 是我们需要替换的内容。

```
https://api.openweathermap.org/data/2.5/weather?q={city}&appid=
    {key}&lang=zh_cn&units=metric
```

在 Python 中，通过 **format()** 函数能够将字符串中的大括号部分替换为相应的值。

格式：通过 format() 函数将字符串中的一个位置替换为具体的值

```
ans = "字符串{key1}字符串"
ans = ans.format(key1="<字符串1>")
```

格式：通过 format() 函数将字符串中的若干个位置替换为具体的值

```
ans = "字符串{key1}字符串{key2}字符串"
ans = ans.format(key1="<字符串1>", key2="<字符串2>")
```

例如，设字符串变量 **ans** 的值为“今天的天气是 **{key1}**”。将 **{key1}** 部分替换为“晴天”时，方法为“**ans = ans.format(key1="晴天")**”。这样，变量 **ans** 的值就成了“今天的天气是晴天”。

有多个位置需要替换时，可以增加若干个大括号标记的位置，如 **key1**、**key2** 等。

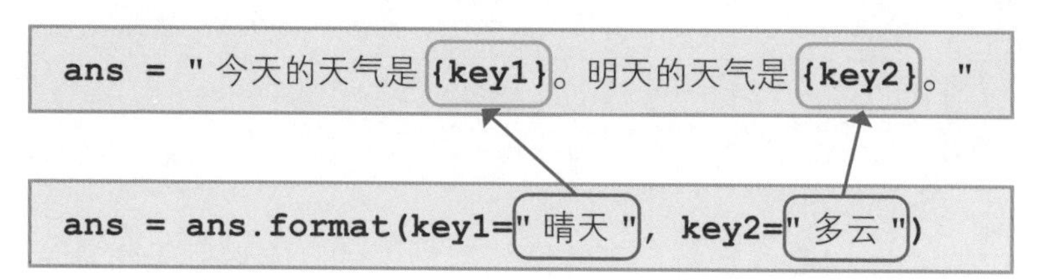

以“今天的天气是 **{key1}**。明天的天气是 **{key2}**。”为例，显示替换前后的结果。

chap5/chap5-1.py

```
ans = "今天的天气是{key1}。明天的天气是{key2}。"
print(ans) ························直接显示 ans

ans = ans.format(key1="晴天", key2="多云")
print(ans) ························显示加工后的 ans
```

输出结果

```
今天的天气是{key1}。明天的天气是{key2}。
今天的天气是晴天。明天的天气是多云。
```

现在，我们借助 **format()** 函数获取北京市当前的天气。设调用 API 的地址为 **url**，将其中的 **{city}** 替换为“城市名称，国家/地区名称缩写”，如 **Beijing,CN**；**{key}** 替换为获取的 API key。替换完成后，使用 **requests.get(url)** 发起请求。

API 处理结果以 JSON 格式返回。读取和处理 JSON 格式的数据可以用 Python 标准库 json，在代码开头用 **import json** 导入。用 **.json()** 函数提取 **get** 函数请求到的信息，然后显示提取后的数据。

chap5/chap5-2.py

```
import requests
import json

# 获取北京市当前天气情况
url = "https://api.openweathermap.org/data/2.5/weather?q=
        {city}&appid={key}&lang=zh_cn&units=metric"
url=url.format(city="Beijing,CN",
               key="<获取的 API key>")  ········ 输入实际的 API key

jsondata = requests.get(url).json()
print(jsondata)
```

第 5 章所有代码中的“<获取的 API key>”需要替换为注册账号后获取的真正的 API key。

输出结果

```
{'coord': {'lon': 116.3972, 'lat': 39.9075}, 'weather': [{'id':
 800, 'main': 'Clear', 'description': '晴', 'icon': '01d'}],
 'base': 'stations', 'main': {'temp': 8.94, 'feels_like': 7.65,
 'temp_min': 8.94, 'temp_max': 8.94, 'pressure': 1030, 'humidity':
 19, 'sea_level': 1030, 'grnd_level': 1024}, 'visibility': 10000,
 'wind': {'speed': 2.38, 'deg': 317, 'gust': 3.63}, 'clouds':
 {'all': 0}, 'dt': 1708851510, 'sys': {'type': 1, 'id': 9609,
 'country': 'CN', 'sunrise': 1708815316, 'sunset': 1708855220},
 'timezone': 28800, 'id': 1816670, 'name': 'Beijing', 'cod': 200}
```

我们已经获取了北京市当前的天气情况。仔细观察，数据中有代表天气的字符串“晴”，还有一些温度数据，但我们现在还看不明白 JSON 格式。下面介绍一下 JSON 格式数据的处理方法。

JSON 是什么呀？听上去像恐怖电影里拿着电锯的那个人！

※《电锯惊魂》系列恐怖电影的主角“竖锯”（Jigsaw），发音与 JSON 相似。

不是不是。JSON 的全称是 JavaScript Object Notation，翻译过来是“JavaScript 对象表示法”。

Python 语言里为什么会有 JavaScript？

JSON 是简单且易于处理的数据表达方式。不仅是 JavaScript，包括 Python、Java、PHP、Ruby 等在内的很多语言都在用它。

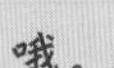
哦。

很多语言都能通用，非常方便，这使得很多 Web API 也在使用 JSON。

原来是这样啊。

JSON 数据的格式

JSON 能够表达很多语言中的数值、字符串、数组、字典等数据类型。其中，字典类型最为常见，它在 JSON 中称为“对象”（Object），这也是名称“JavaScript 对象表示法”的由来。对象用花括号“{}”包裹，其中的数据以“键 : 值”的形式成对组织，每组之间以逗号“,”隔开。

格式:

```
{ 键 : 值 }
{ 键1: 值1, 键2: 值2, …}
```

“键”以字符串格式的数据指定，而“值”可以是各种类型的数据，包括数值、字符串、布尔值（true 或 false）、数组、嵌套的对象以及代表空值的 null。

[测试数据 1]chap5/test1.json

```
{ "name": " 碧螺春茶 ", "price": 19.9, " 库存 ": true }
```

[测试数据 2]chap5/test2.json

```
[
  {
    "name" : "Beijing",
    "coord" : {"lat": 39.91, "lon": 116.39}
  },
  {
    "name" : "Shanghai",
    "coord" : {"lat" : 31.4, "lon": 121.45}
  }
]
```

JSON 数据的读取方法

下面介绍不同来源的 JSON 数据的读取方法，包括从文件中读取的和从网上直接读取的。

① 从文件中读取

JSON 数据常以文本文件的形式存储，所以先用“**open("<文件名>", mode="r", encoding="utf-8")**”以文本模式打开文件。JSON 数据使用

UTF-8 标准编码，读取时要注意指定 **encoding="utf-8"**。设打开的文件为 **f**，通过 **f.read()** 获取文件内容，再用 **json.loads(f.read())** 解析成 Python 能够处理的数据格式。

格式：读取 JSON 文件

```
with open("<文件名>", mode="r", encoding="utf-8") as f:
    jsondata = json.loads(f.read())
```

②从网上直接读取

直接从网上读取时，使用 requests 库提供的 **requests.get(url).json()**，向指定的 **url** 发出请求，接收数据时将 JSON 数据转换为 Python 能够处理的数据。

格式：从网上读取 JSON 数据

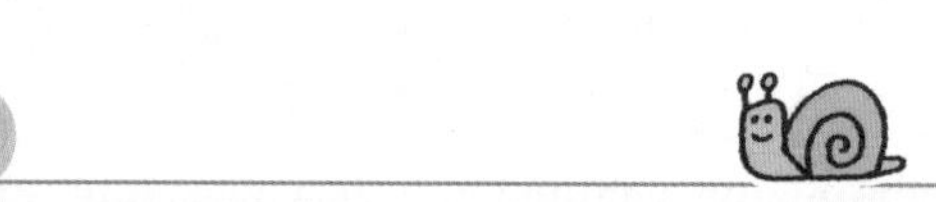

```
jsondata = requests.get(url).json()
```

用 JSON 处理时间数据的情况

时间、日期等数据无法用 JSON 直接存储和表示，通常要转换为字符串或者特定含义的数值。例如，Unix 时间戳（Unix Timestamp）是一种常见的表示时间的数值，后面会介绍到。

首先，我们尝试读取之前展示的测试数据 test2.json，显示解析后的数据。复杂的列表、字典等数据，可以使用标准库 **pprint** 展示得更清晰、美观。在代码开头用 **from pprint import pprint** 导入，然后指定“**pprint(<值>)**”显示数据。

chap5/chap5-3.py

```python
import json
from pprint import pprint

with open("test2.json", mode="r", encoding="utf-8") as f:
    jsondata = json.loads(f.read())
    pprint(jsondata)
```

输出结果

```
[{'coord': {'lat': 39.91, 'lon': 116.39}, 'name': 'Beijing'},
 {'coord': {'lat': 31.4, 'lon': 121.45}, 'name': 'Shanghai'}]
```

```
[
    {'coord': {'lat': 39.91,
               'lon': 116.39 },
    'name': 'Beijing'},
    {'coord': {'lat': 31.4,
               'lon': 121.45 },
    'name': 'Shanghai'}
]
```

我现在学会显示JSON数据了，可是方括号和花括号太多了，好麻烦啊……

不要担心，我们来一层一层观察。最外层的方括号表示数组，数组中有两个元素，都是对象，包含coord和name两个键。

name对应的值分别为Beijing和Shanghai，表示北京和上海。

coord是“坐标”（coordinate）的意思，包含纬度和经度，所以用对象“{"lat": 纬度 , "lon": 经度 }”表示。

我明白了，这份数据表示的是北京和上海这两个城市的纬度（lat）和经度（lon）啊。

至此，我们了解了 JSON 数据的结构，接着我们从中获取具体值。JSON 的数组和对象分别对应 Python 的列表和字典，获取具体值时，数组（列表）使用从 0 开始的索引编号，对象（字典）使用键的名称。

例如，我们读取 test2.json 并转换为 **jsondata**。最外层是一个数组，获取第一个对象（索引为 0）要指定 **jsondata[0]**；获取索引为 0 的对象中 **name** 对应的值要指定 **jsondata[0]["name"]**；获取索引为 0 的对象中 **coord** 之下的 **lat** 对应的值要指定 **jsondata[0]["coord"]["lat"]**。

chap5/chap5-4.py

```
import json
from pprint import pprint

with open("test2.json", mode="r", encoding="utf-8") as f:
    jsondata = json.loads(f.read())
    print(" 第一个对象 = ",jsondata[0])
    print(" 城市名 = ",jsondata[0]["name"])
    print(" 纬度   = ",jsondata[0]["coord"]["lat"])
    print(" 经度   = ",jsondata[0]["coord"]["lon"])
```

输出结果

```
第一个对象 = {'name': 'Beijing', 'coord': {'lat': 39.91, 'lon': 116.39}}
城市名 = Beijing
纬度   = 39.91
经度   = 116.39
```

至此，我们学会了从 JSON 中提取具体的数据。

现在参考前面的示例，获取北京天气的具体数据，然后用 **pprint** 显示和确认 JSON 数据。

chap5/chap5-5.py

```
import requests
import json
from pprint import pprint

# 获取北京市当前天气情况
url = "https://api.openweathermap.org/data/2.5/weather?q=
      {city}&appid={key}&lang=zh_cn&units=metric"
url=url.format(city="Beijing,CN",key="<获取的 API key>")   …输入实际的 API key

jsondata = requests.get(url).json()
pprint(jsondata)
```

输出结果

```
{'base': 'stations',
 (省略)
 'main': {'feels_like': 7.65,
          'grnd_level': 1024,
          'humidity': 19,
```

第18课

```
            'pressure': 1030,
            'sea_level': 1030,
            'temp': 8.94,
            'temp_max': 8.94,
            'temp_min': 8.94},
（省略）
 'weather': [{'description': '晴',
              'icon': '01d',
              'id': 800,
              'main': 'Clear'}],
 'wind': {'deg': 317, 'gust': 3.63, 'speed': 2.38}}
```

我们从中了解了数据的基本结构。接下来，从中提取“name”（城市名）、“main”下的“temp”（气温）、“weather”下索引0下的“main”（天气名，以英文表示）和“description”（天气名，以设定的文字表示，此处为简体中文）。

天气不同时，返回的数据内容可能有区别。以“wind”（风力）为例，如果风速很小，其中可能就没有“deg”（风向）等信息。

chap5/chap5-6.py

```
import requests
import json

# 获取北京市当前天气情况
url = "https://api.openweathermap.org/data/2.5/weather?q=
        {city}&appid={key}&lang=zh_cn&units=metric"
url = url.format(city="Beijing,CN", key="<获取的 API key>")

jsondata = requests.get(url).json()
print("城市名    = ", jsondata["name"])
print("气温      = ", jsondata["main"]["temp"])
print("天气      = ", jsondata["weather"][0]["main"])
print("天气详情 = ", jsondata["weather"][0]["description"])
```

输出结果

```
城市名   =  Beijing
气温     =  8.94
天气     =  Clear
天气详情 =  晴
```

我们可以试着把 **url** 中的 **city** 部分替换为别的城市名，获取其他城市的天气，如上海、纽约等。

chap5/chap5-6A.py

```
import requests
import json

# 获取上海市当前天气情况
url = "https://api.openweathermap.org/data/2.5/weather?q=
        {city}&appid={key}&lang=zh_cn&units=metric"
url = url.format(city="Shanghai,CN", key="<获取的 API key>")

jsondata = requests.get(url).json()
```

```
print(" 城市名    = ", jsondata["name"])
print(" 气温      = ", jsondata["main"]["temp"])
print(" 天气      = ", jsondata["weather"][0]["main"])
print(" 天气详情 = ", jsondata["weather"][0]["description"])
```

输出结果

```
城市名    =  Shanghai
气温      =  3.12
天气      =  Clouds
天气详情 =  多云
```

chap5/chap5-6B.py

```
import requests
import json

# 获取纽约市当前天气情况
url = "https://api.openweathermap.org/data/2.5/weather?q=
      {city}&appid={key}&lang=zh_cn&units=metric"
url = url.format(city="New York,US", key="<获取的API key>")

jsondata = requests.get(url).json()
print(" 城市名    = ", jsondata["name"])
print(" 气温      = ", jsondata["main"]["temp"])
print(" 大气      = ", jsondata["weather"][0]["main"])
print(" 天气详情 = ", jsondata["weather"][0]["description"])
```

输出结果

```
城市名    =  New York
气温      =  -4.85
天气      =  Clear
天气详情 =  晴
```

查看五日天气预报（间隔 3 小时）

用 OpenWeatherMap 的 API 获取未来 5 天的天气。

我们已经会通过城市名称查找当前的天气了。下面尝试获取未来 5 天的天气预报信息。

还能预报明天和后天的天气呀。

调用 Web API 的方式略有不同，但我们能一次性获取 5 天内每隔 3 小时一条的预报数据，共 40 条天气数据。

5 天是这个意思呀。

还是先确认一下能返回什么样的数据吧。

在 API 页面下点击“5Day/3 Hour Forecast”（五日天气预报，间隔 3 小时）的 API doc（API 说明文档），查看 API 的用法。

5 day weather forecast

Product concept

5 day forecast is available at any location on the globe. It includes weather forecast data with 3-hour step. Forecast is available in JSON or XML format.

Call 5 day / 3 hour forecast data

How to make an API call

You can search weather forecast for 5 days with data every 3 hours by geographic coordinates. All weather data can be obtained in JSON and XML formats.

API call

```
api.openweathermap.org/data/2.5/forecast?lat={lat}&lon={lon}&appid={API key}
```

五日天气预报（间隔3小时）的查看方法

指定城市名和国家 / 地区名	https://api.openweathermap.org/data/2.5/forecast?q={city}&appid={key}&lang=zh_cn&units=metric
指定城市 ID	https://api.openweathermap.org/data/2.5/forecast?id={cityID}&appid={key}&lang=zh_cn&units=metric
指定经纬度坐标	https://api.openweathermap.org/data/2.5/forecast?lat={lat}&lon={lon}&appid={key}&lang=zh_cn&units=metric

获取五日天气预报

尝试指定城市名，获取该城市的五日天气预报。

API 的调用方法如下，其中 **{city}** 和 **{key}** 需要替换成城市名和 API key。

```
https://api.openweathermap.org/data/2.5/forecast?q={city}&appid=
    {key}&lang=zh_cn&units=metric
```

尝试获取北京市的五日天气预报，然后用 **pprint()** 函数显示 JSON 数据。

chap5/chap5-7.py

```
import requests
import json
from pprint import pprint

# 查看北京五日天气预报
url = "https://api.openweathermap.org/data/2.5/forecast?q=
        {city}&appid={key}&lang=zh_cn&units=metric"
url = url.format(city="Beijing,CN", key="<获取的 API key>")

jsondata = requests.get(url).json()
pprint(jsondata)
```

输出结果


```
{'city': {'coord': {'lat': 39.9075, 'lon': 116.3972},
          'country': 'CN',
          'id': 1816670,
          'name': 'Beijing',
          'population': 1000000,
          'sunrise': 1708815316,
          'sunset': 1708855220,
          'timezone': 28800},
 'cnt': 40,
 'cod': '200',
 'list': [{'clouds': {'all': 0},
           'dt': 1708862400,
           'dt_txt': '2024-02-25 12:00:00',
           'main': {'feels_like': 3.88,
                    'grnd_level': 1026,
                    'humidity': 29,
                    'pressure': 1033,
                    'sea_level': 1033,
                    'temp': 4.94,
                    'temp_kf': 0.73,
                    'temp_max': 4.94,
                    'temp_min': 4.21},
           'pop': 0,
           'sys': {'pod': 'n'},
           'visibility': 10000,
```

```
            'weather': [{'description': '晴',
                         'icon': '01n',
                         'id': 800,
                         'main': 'Clear'}],
            'wind': {'deg': 328, 'gust': 2.85, 'speed': 1.5}},
            (余下 39 个对象略去)
        ],
 'message': 0}
```

上述数据与之前的当前天气 API 返回的数据结构不同。其中，与城市相关的信息，如名称、经纬度等概括于 **city** 对象中。天气预报数据概括于 **list** 数组中，每天有 8 条（每 3 小时一条）数据，共 5 天，一共有 40 条数据。

将 UTC（协调世界时）转换为北京时间

我们先关注时间方面的问题。每条天气预报数据中，**dt_txt** 以字符串形式表示时间，**dt** 以数值形式表示"时间戳"。

```
    'list': [{
                "dt": 1708862400,
                (其余省略)
                "dt_txt": "2024-02-25 12:00:00"
            },
            (其余省略)
    ]
```

这里的 **2024-02-25 12:00:00** 很容易让人误解为北京时间 2024 年 2 月 25 日 12 时。实际上，面向全球发布的数据服务往往不会使用北京时间或者某个特殊地点的时间，而是使用统一标准的"协调世界时"（Coordinated

Universal Time，UTC）。OpenWeatherMap 使用的时间也是 UTC。北京时间比 UTC 早 8 小时，可缩写为 BJT（Beijing Time），国际上多用 CST（Chinese Standard Time，中国标准时间）表示。

Python 的标准库 datetime 针对这种情形为我们提供了自动处理功能。各个国家和地区使用的时间称为当地时间，如在中国内地使用的计算机默认为北京时间。在这种情形下，使用“**datetime.fromtimestamp(<时间戳>)**”会自动转为北京时间。如果指定特殊时区，如 datetime 标准库中的 UTC（用 **from datetime import UTC** 导入），则转换为 UTC 时间。

格式：将时间戳转换为当地时间（北京时间）

```
bjt = datetime.fromtimestamp(<时间戳>)
```

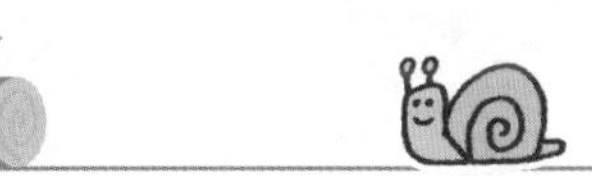

格式：将时间戳转换为 UTC 时间

```
utc = datetime.fromtimestamp(<时间戳>, UTC)
```

例如，UTC 时间 **2024-02-25 12:00:00** 对应的时间戳为 **1708862400**，使用 **fromtimestamp()** 函数后，输出结果为 **2024-02-25 20:00:00**。

chap5/chap5-8.py

```
from datetime import datetime, UTC

# 将时间戳转换为北京时间和 UTC 时间
timestamp = 1708862400

bjt = datetime.fromtimestamp(timestamp)
print(bjt)

utc = datetime.fromtimestamp(timestamp, UTC)
print(utc)
```

输出结果

```
2024-02-25 20:00:00
2024-02-25 12:00:00+00:00
```

备忘录

UTC（协调世界时）是什么

从前，被用作世界时间的格林尼治标准时间（Greenwich Mean Time，GMT），是根据英国的格林尼治天文台（经度为 0 度）通过观察太阳运动的变化而确立的。当人们基于铯原子的振动发明出高精度的铯原子钟时，就诞生了新的国际原子时（International Atomic Time，TAI)。考虑到国际原子时的极高精度，和基于天体运动定义的时间存在偏差，人们用闰秒来加以调整，防止偏差超过 0.9 秒，在此基础上诞生了协调世界时（Coordinated Universal Time, UTC）。在日常应用中，UTC 和 GMT 几乎相同。北京时间则比它们早 8 小时。

我们用上述方法将数据中发布的时间戳转换为北京时间，并与数据内一同发布的时间字符串进行对比。

chap5/chap5-9.py

```
import requests
import json
from datetime import datetime

# 查看北京五日天气预报
url = "https://api.openweathermap.org/data/2.5/forecast?q=
        {city}&appid={key}&lang=zh_cn&units=metric"
url = url.format(city="Beijing,CN", key="<获取的 API key>")

jsondata = requests.get(url).json()
for dat in jsondata["list"]:
```

```
    bjt = str(datetime.fromtimestamp(dat["dt"])
    print("UTC={utc}, BJT={bjt}".format(ust=dat["dt_txt"],
          bjt=bjt))
```

输出结果

```
UTC=2024-02-25 12:00:00, BJT=2024-02-25 20:00:00
UTC=2024-02-25 15:00:00, BJT=2024-02-25 23:00:00
UTC=2024-02-25 18:00:00, BJT=2024-02-26 02:00:00
UTC=2024-02-25 21:00:00, BJT=2024-02-26 05:00:00
UTC=2024-02-26 00:00:00, BJT=2024-02-26 08:00:00
（以下省略）
```

可以看出，时间戳已经被正确地转换成了比 UTC 早 8 小时的北京时间。接下来就可以用北京时间展示五日天气预报（间隔 3 小时）了。

chap5/chap5-10.py

```
import requests
import json
from datetime import datetime

# 查看北京五日天气预报
url = "https://api.openweathermap.org/data/2.5/forecast?q=
      {city}&appid={key}&lang=zh_cn&units=metric"
url = url.format(city="Beijing,CN", key="<获取的 API key>")

jsondata = requests.get(url).json()
for dat in jsondata["list"]:
    bjt = str(datetime.fromtimestamp)
    weather = dat["weather"][0]["description"]
    temp = dat["main"]["temp"]
    print("时间：{bjt}，天气：{w}，气温：{t}摄氏度".format(bjt=bjt,
          w=weather, t=temp))
```

输出结果

```
时间：2024-02-25 20:00:00，天气：晴，气温：4.94 摄氏度
时间：2024-02-25 23:00:00，天气：晴，少云，气温：4.19 摄氏度
时间：2024-02-26 02:00:00，天气：多云，气温：2.14 摄氏度
时间：2024-02-26 05:00:00，天气：阴，多云，气温：-0.25 摄氏度
时间：2024-02-26 08:00:00，天气：阴，多云，气温：-0.28 摄氏度
（以下省略）
```

将五日天气预报绘制成图表

我们能获取五日天气预报了，下一步来关注其中气温的变化吧。

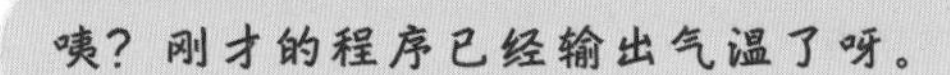

咦？刚才的程序已经输出气温了呀。

没错。我们要利用这个程序更进一步，仅提取其中的气温数据，拿来绘制图表。

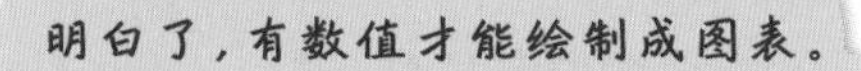

明白了，有数值才能绘制成图表。

我们提取气温数据，用 pandas 把它归纳成表格数据。在此基础上，绘制图表就很容易了。

又出现熊猫了呀！

现在，我们利用时间和气温两项数据生成表格数据，绘制时间 - 气温图表。

首先，用 pandas 生成空白的 DataFrame，包含一列数据，列名为“气温”。时间戳转换出的北京时间作为索引（适当截短一些），用来添加气温数据，最终生成我们需要的时间 - 气温数据框。

chap5/chap5-11.py

```
import requests
import json
from pprint import pprint
from datetime import datetime
import pandas as pd

# 查看北京五日天气预报
url = "https://api.openweathermap.org/data/2.5/forecast?q=
        {city}&appid={key}&lang=zh_cn&units=metric"
url = url.format(city="Beijing,CN", key="<获取的 API key>")

jsondata = requests.get(url).json()
df = pd.DataFrame(columns=["气温"])
for dat in jsondata["list"]:
    bjt = str(datetime.fromtimestamp(dat["dt"]))[5:-3]
    temp = dat["main"]["temp"]
    df.loc[bjt] = temp

pprint(df)
```

输出结果

```
              气温
02-25 20:00   4.94
02-25 23:00   4.19
02-26 02:00   2.14
02-26 05:00  -0.25
02-26 08:00  -0.28
（以下省略）
```

我们已经生成了时间 - 温度数据的数据框。进一步，借助 matplotlib 将其绘制成图表。

首先指定 **df.plot(figsize=(15,8))**，将图表的画面尺寸放大。然后将气温按照整数刻度显示，指定 **plt.ylim(-10,40)**，设最小值和最大值分别为 -10℃ 和 40℃。这个刻度一般能覆盖北京地区全年的温度变化，可以按照绘图的需要进行调整。最后用 **plt.show()** 显示图表。

chap5/chap5-12.py

```
import requests
import json
from datetime import datetime
import pandas as pd
import matplotlib.pyplot as plt

# 为图表设置中文字体
plt.rcParams['font.family'] = ['Microsoft YaHei', 'sans-serif']

# 查看北京五日天气预报
url = "https://api.openweathermap.org/data/2.5/forecast?q=
      {city}&appid={key}&lang=zh_cn&units=metric"
url = url.format(city="Beijing,CN", key="<获取的 API key>")

jsondata = requests.get(url).json()
df = pd.DataFrame(columns=["气温"])
for dat in jsondata["list"]:
    bjt = str(datetime.fromtimestamp(dat["dt"]))[5:-3]
    temp = dat["main"]["temp"]
    df.loc[bjt] = temp

df.plot(figsize=(15,8))
plt.ylim(-10,40)
plt.grid()
plt.show()
```

输出结果

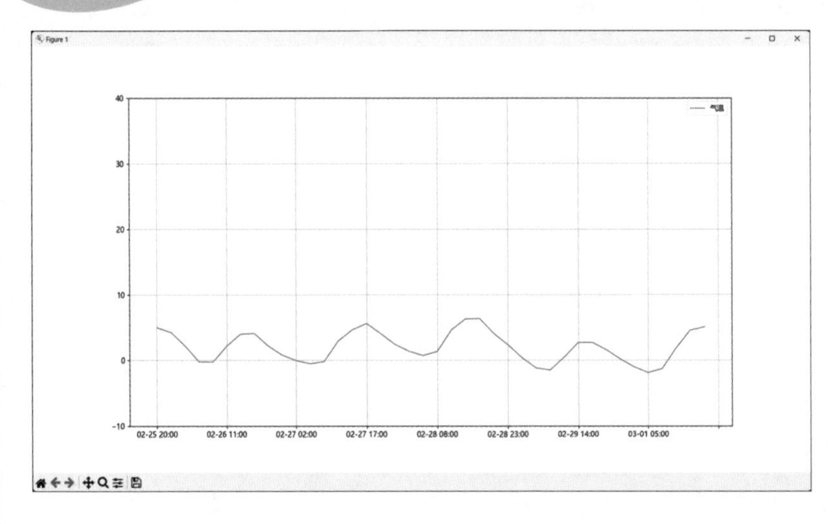

太棒了！这是未来 5 天的天气变化，太不可思议了。

从网上获取数据，提取有用的信息，生成表格数据，再绘制成图表。这算是一个集大成的例子了。

学无止境

博士！我已经学了这么多知识，感觉什么都会了呢，是不是再也没有什么可学的了？

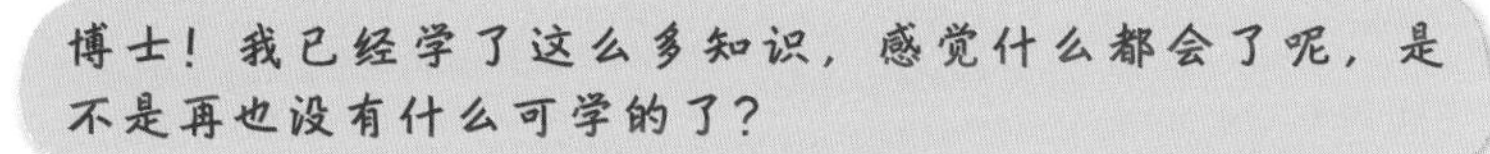

你的确很努力，也很棒。但这些只是入门知识哦。

啊？什么？

这本书介绍了“使用Python从网上提取所需数据、进行处理并绘制图表”这方面的一系列知识。

那还有什么要学的呢？

这只是带你体验了“使用Python处理数据的方法”，更像是介绍工具用法的一套说明书。

什么意思？

对数据分析而言，真正重要的是在使用工具以前思考清楚“传递什么信息”和“怎样正确传递信息”。你才刚刚学会用Python操作数据，还早着呢。

我才刚刚起步啊。

世界上的一切数据，都是将这个世界里发生的某种现象概括为数值或文字。我们必须认真研究数据，探讨“从中能够读取什么信息”，以及“信息背后的含义”。这样才能找到新的视角、得到新的灵感，从而解决实际的问题，或者向他人做出客观的解读。对于数据分析，发现新视角至关重要。

那么，有Python这么方便的工具在手，我们就带着好奇心继续学习吧。